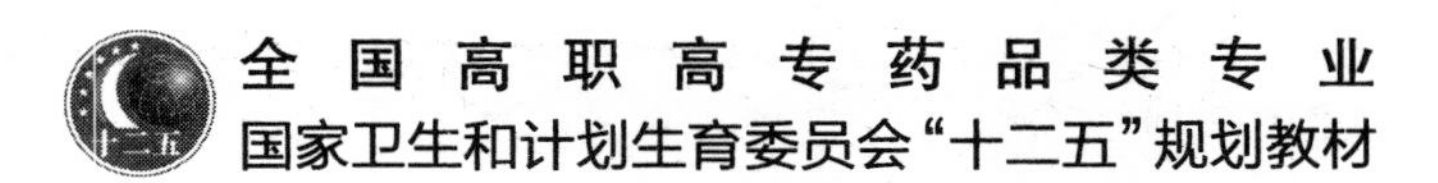

全国高职高专药品类专业
国家卫生和计划生育委员会“十二五”规划教材

供药物制剂技术、化学制药技术、生物制药技术、中药制药技术、制药设备管理与维护专业用

化工制图绘图与识图训练

第 2 版

主　编　孙安荣　朱国民

编　者（以姓氏笔画为序）

冯刚利（湖南中医药高等专科学校）
朱国民（浙江医药高等专科学校）
刘喜红（湖南食品药品职业学院）
孙安荣（河北化工医药职业技术学院）
孙孟展（浙江医药高等专科学校）
李长航（广东食品药品职业学院）
张　英（河北化工医药职业技术学院）
崔京华（河北化工医药职业技术学院）

人民卫生出版社

图书在版编目(CIP)数据

化工制图绘图与识图训练/孙安荣，朱国民主编.—2版.
—北京：人民卫生出版社，2013.8
ISBN 978-7-117-17578-4

Ⅰ.①化… Ⅱ.①孙… ②朱… Ⅲ.①化工机械-机械制图-高等职业教育-教学参考资料②化工设备-识别-高等职业教育-教学参考资料 Ⅳ.①TQ050.2

中国版本图书馆CIP数据核字(2013)第136538号

化工制图绘图与识图训练

第2版

主　　编： 孙安荣　朱国民
出版发行： 人民卫生出版社（中继线 010-59780011）
地　　址： 北京市朝阳区潘家园南里19号
邮　　编： 100021
E - mail： pmph @ pmph.com
购书热线： 010-59787592　010-59787584　010-65264830
印　　刷： 北京人卫印刷厂
经　　销： 新华书店
开　　本： 787×1092　1/16　**印张：** 7.5
字　　数： 195千字
版　　次： 2009年2月第1版　2013年8月第2版
2017年7月第2版第2次印刷(总第5次印刷)
标准书号： ISBN 978-7-117-17578-4/R・17579
定　　价： 18.00元
打击盗版举报电话：010-59787491　E-mail：WQ @ pmph.com
（凡属印装质量问题请与本社市场营销中心联系退换）

全国高职高专药品类专业国家卫生和计划生育委员会“十二五”规划教材

出版说明

随着我国高等职业教育教学改革不断深入，办学规模不断扩大，高职教育的办学理念、教学模式正在发生深刻的变化。同时，随着《中国药典》、《国家基本药物目录》、《药品经营质量管理规范》等一系列重要法典法规的修订和相关政策、标准的颁布，对药学职业教育也提出了新的要求与任务。为使教材建设紧跟教学改革和行业发展的步伐，更好地实现“五个对接”，在全国高等医药教材建设研究会、人民卫生出版社的组织规划下，全面启动了全国高职高专药品类专业第二轮规划教材的修订编写工作，经过充分的调研和准备，从2012年6月份开始，在全国范围内进行了主编、副主编和编者的遴选工作，共收到来自百余所包括高职高专院校、行业企业在内的900余位一线教师及工程技术与管理人员的申报资料，通过公开、公平、公正的遴选，并经征求多方面的意见，近600位优秀申报者被聘为主编、副主编、编者。在前期工作的基础上，分别于2012年7月份和10月份在北京召开了论证会议和主编人会议，成立了第二届全国高职高专药品类专业教材建设指导委员会，明确了第二轮规划教材的修订编写原则，讨论确定了该轮规划教材的具体品种，例如增加了可供药品类多个专业使用的《药学服务实务》、《药品生物检定》，以及专供生物制药技术专业用的《生物化学及技术》、《微生物学》，并对个别书名进行了调整，以更好地适应教学改革和满足教学需求。同时，根据高职高专药品类各专业的培养目标，进一步修订完善了各门课程的教学大纲，在此基础上编写了具有鲜明高职高专教育特色的教材，将于2013年8月由人民卫生出版社全面出版发行，以更好地满足新时期高职教学需求。

为适应现代高职高专人才培养的需要，本套教材在保持第一版教材特色的基础上，突出以下特点：

1. **准确定位，彰显特色** 本套教材定位于高等职业教育药品类专业，既强调体现其职业性，增强各专业的针对性，又充分体现其高等教育性，区别于本科及中职教材，同时满足学生考取职业证书的需要。教材编写采取栏目设计，增加新颖性和可读性。

2. **科学整合，有机衔接** 近年来，职业教育快速发展，在结合职业岗位的任职要求、整合课程、构建课程体系的基础上，本套教材的编写特别注重体现高职教育改革成果，教材内容的设置对接岗位，各教材之间有机衔接，避免重要知识点的遗漏和不必要的交叉重复。

3. **淡化理论，理实一体** 目前，高等职业教育愈加注重对学生技能的培养，本套教材一方面既要给学生学习和掌握技能奠定必要、足够的理论基础，使学生具备一定的可持续发展的能力；同时，注意理论知识的把握程度，不一味强调理论知识的重要性、系统性和完整性。在淡化理论的同时根据实际工作岗位需求培养学生的实践技能，将实验实训类内容与主干教材贯穿在一起进行编写。

4. **针对岗位，课证融合**　本套教材中的专业课程，充分考虑学生考取相关职业资格证书的需要，与职业岗位证书相关的教材，其内容和实训项目的选取涵盖了相关的考试内容，力争做到课证融合，体现职业教育的特点，实现“双证书”培养。

5. **联系实际，突出案例**　本套教材加强了实际案例的内容，通过从药品生产到药品流通、使用等各环节引入的实际案例，使教材内容更加贴近实际岗位，让学生了解实际工作岗位的知识和技能需求，做到学有所用。

6. **优化模块，易教易学**　设计生动、活泼的教材栏目，在保持教材主体框架的基础上，通过栏目增加教材的信息量，也使教材更具可读性。其中既有利于教师教学使用的“课堂活动”，也有便于学生了解相关知识背景和应用的“知识链接”，还有便于学生自学的“难点释疑”，而大量来自于实际的“案例分析”更充分体现了教材的职业教育属性。同时，在每节后加设“点滴积累”，帮助学生逐渐积累重要的知识内容。部分教材还结合本门课程的特点，增设了一些特色栏目。

7. **校企合作，优化团队**　现代职业教育倡导职业性、实际性和开放性，办好职业教育必须走校企合作、工学结合之路。此次第二轮教材的编写，我们不但从全国多所高职高专院校遴选了具有丰富教学经验的骨干教师充实了编者队伍，同时我们还从医院、制药企业遴选了一批具有丰富实践经验的能工巧匠作为编者甚至是副主编参加此套教材的编写，保障了一线工作岗位上先进技术、技能和实际案例融入教材的内容，体现职业教育特点。

8. **书盘互动，丰富资源**　随着现代技术手段的发展，教学手段也在不断更新。多种形式的教学资源有利于不同地区学校教学水平的提高，有利于学生的自学，国家也在投入资金建设各种形式的教学资源和资源共享课程。本套多种教材配有光盘，内容涉及操作录像、演示文稿、拓展练习、图片等多种形式的教学资源，丰富形象，供教师和学生使用。

本套教材的编写，得到了第二届全国高职高专药品类专业教材建设指导委员会的专家和来自全国近百所院校、二十余家企业行业的骨干教师和一线专家的支持和参与，在此对有关单位和个人表示衷心的感谢！并希望在教材出版后，通过各校的教学使用能获得更多的宝贵意见，以便不断修订完善，更好地满足教学的需要。

在本套教材修订编写之际，正值教育部开展“十二五”职业教育国家规划教材选题立项工作，本套教材符合教育部“十二五”国家规划教材立项条件，全部进行了申报。

全国高等医药教材建设研究会
人民卫生出版社
2013年7月

附:全国高职高专药品类专业国家卫生和计划生育委员会“十二五”规划教材
教材目录

序号	教材名称	主编	适用专业
1	医药数理统计(第2版)	刘宝山	药学、药品经营与管理、药物制剂技术、生物制药技术、化学制药技术、中药制药技术
2	基础化学(第2版)★	傅春华　黄月君	药学、药品经营与管理、药物制剂技术、生物制药技术、化学制药技术、中药制药技术
3	无机化学(第2版)★	牛秀明　林　珍	药学、药品经营与管理、药物制剂技术、生物制药技术、化学制药技术、中药制药技术
4	分析化学(第2版)★	谢庆娟　李维斌	药学、药品经营与管理、药物制剂技术、生物制药技术、化学制药技术、中药制药技术、药品质量检测技术
5	有机化学(第2版)	刘　斌　陈任宏	药学、药品经营与管理、药物制剂技术、生物制药技术、化学制药技术、中药制药技术
6	生物化学(第2版)★	王易振　何旭辉	药学、药品经营与管理、药物制剂技术、化学制药技术、中药制药技术
7	生物化学及技术*	李清秀	生物制药技术
8	药事管理与法规(第2版)★	杨世民	药学、中药、药品经营与管理、药物制剂技术、化学制药技术、生物制药技术、中药制药技术、医药营销、药品质量检测技术
9	公共关系基础(第2版)	秦东华	药学、药品经营与管理、药物制剂技术、生物制药技术、化学制药技术、中药制药技术、食品药品监督管理
10	医药应用文写作(第2版)	王劲松　刘　静	药学、药品经营与管理、药物制剂技术、生物制药技术、化学制药技术、中药制药技术
11	医药信息检索(第2版)★	陈　燕　李现红	药学、药品经营与管理、药物制剂技术、生物制药技术、化学制药技术、中药制药技术
12	人体解剖生理学(第2版)	贺　伟　吴金英	药学、药品经营与管理、药物制剂技术、生物制药技术、化学制药技术
13	病原生物与免疫学(第2版)	黄建林　段巧玲	药学、药品经营与管理、药物制剂技术、化学制药技术、中药制药技术
14	微生物学*	凌庆枝	生物制药技术
15	天然药物学(第2版)★	艾继周	药学

续表

序号	教材名称	主编	适用专业
16	药理学(第2版)★	罗跃娥	药学、药品经营与管理
17	药剂学(第2版)	张琦岩	药学、药品经营与管理
18	药物分析(第2版)★	孙　莹　吕　洁	药学、药品经营与管理
19	药物化学(第2版)★	葛淑兰　惠　春	药学、药品经营与管理、药物制剂技术、化学制药技术
20	天然药物化学(第2版)★	吴剑峰　王　宁	药学、药物制剂技术
21	医院药学概要(第2版)★	张明淑　蔡晓虹	药学
22	中医药学概论(第2版)★	许兆亮　王明军	药品经营与管理、药物制剂技术、生物制药技术、药学
23	药品营销心理学(第2版)	丛　媛	药学、药品经营与管理
24	基础会计(第2版)	周凤莲	药品经营与管理、医疗保险实务、卫生财会统计、医药营销
25	临床医学概要(第2版)★	唐省三　郭　毅	药学、药品经营与管理
26	药品市场营销学(第2版)★	董国俊	药品经营与管理、药学、中药、药物制剂技术、中药制药技术、生物制药技术、药物分析技术、化学制药技术
27	临床药物治疗学**	曹　红	药品经营与管理、药学
28	临床药物治疗学实训**	曹　红	药品经营与管理、药学
29	药品经营企业管理学基础**	王树春	药品经营与管理、药学
30	药品经营质量管理**	杨万波	药品经营与管理
31	药品储存与养护(第2版)★	徐世义	药品经营与管理、药学、中药、中药制药技术
32	药品经营管理法律实务(第2版)	李朝霞	药学、药品经营与管理、医药营销
33	实用物理化学**;★	沈雪松	药物制剂技术、生物制药技术、化学制药技术

续表

序号	教材名称	主编	适用专业
34	医学基础(第2版)	孙志军　刘　伟	药物制剂技术、生物制药技术、化学制药技术、中药制药技术
35	药品生产质量管理(第2版)	李　洪	药物制剂技术、化学制药技术、生物制药技术、中药制药技术
36	安全生产知识(第2版)	张之东	药物制剂技术、生物制药技术、化学制药技术、中药制药技术、药学
37	实用药物学基础(第2版)	丁　丰　李宏伟	药学、药品经营与管理、化学制药技术、药物制剂技术、生物制药技术
38	药物制剂技术(第2版)★	张健泓	药物制剂技术、生物制药技术、化学制药技术
39	药物检测技术(第2版)	王金香	药物制剂技术、化学制药技术、药品质量检测技术、药物分析技术
40	药物制剂设备(第2版)★	邓才彬　王　泽	药学、药物制剂技术、药剂设备制造与维护、制药设备管理与维护
41	药物制剂辅料与包装材料(第2版)	刘　葵	药学、药物制剂技术、中药制药技术
42	化工制图(第2版)★	孙安荣　朱国民	药物制剂技术、化学制药技术、生物制药技术、中药制药技术、制药设备管理与维护
43	化工制图绘图与识图训练(第2版)	孙安荣　朱国民	药物制剂技术、化学制药技术、生物制药技术、中药制药技术、制药设备管理与维护
44	药物合成反应(第2版)★	照那斯图	化学制药技术
45	制药过程原理及设备**	印建和	化学制药技术
46	药物分离与纯化技术(第2版)	陈优生	化学制药技术、药学、生物制药技术
47	生物制药工艺学(第2版)	陈电容　朱照静	生物制药技术
48	生物药物检测技术**	俞松林	生物制药技术
49	生物制药设备(第2版)★	罗合春	生物制药技术
50	生物药品**;★	须　建	生物制药技术
51	生物工程概论**	程　龙	生物制药技术

续表

序号	教材名称	主编	适用专业
52	中医基本理论(第2版)	叶玉枝	中药制药技术、中药、现代中药技术
53	实用中药(第2版)	姚丽梅　黄丽萍	中药制药技术、中药、现代中药技术
54	方剂与中成药(第2版)	吴俊荣　马　波	中药制药技术、中药
55	中药鉴定技术(第2版)★	李炳生　张昌文	中药制药技术
56	中药药理学(第2版)★	宋光熠	药学、药品经营与管理、药物制剂技术、化学制药技术、生物制药技术、中药制药技术
57	中药化学实用技术(第2版)★	杨　红	中药制药技术
58	中药炮制技术(第2版)★	张中社	中药制药技术、中药
59	中药制药设备(第2版)	刘精婵	中药制药技术
60	中药制剂技术(第2版)★	汪小根　刘德军	中药制药技术、中药、中药鉴定与质量检测技术、现代中药技术
61	中药制剂检测技术(第2版)★	张钦德	中药制药技术、中药、药学
62	药学服务实务*	秦红兵	药学、中药、药品经营与管理
63	药品生物检定技术*;★	杨元娟	生物制药技术、药品质量检测技术、药学、药物制剂技术、中药制药技术
64	中药鉴定技能综合训练**	刘　颖	中药制药技术
65	中药前处理技能综合训练**	庄义修	中药制药技术
66	中药制剂生产技能综合训练**	李　洪　易生富	中药制药技术
67	中药制剂检测技能训练**	张钦德	中药制药技术

说明:本轮教材共61门主干教材,2门配套教材,4门综合实训教材。第一轮教材中涉及的部分实验实训教材的内容已编入主干教材。*为第二轮新编教材;**为第二轮未修订,仍然沿用第一轮规划教材;★为教材有配套光盘。

第二届全国高职高专药品类专业教育教材建设指导委员会

成员名单

前言

本书是在2009年出版的第1版《化工制图绘图与识图训练》基础上修订而成，是《化工制图》教材的配套用书，主要适用于高等职业技术学院、高等工程专科学校的制药、化工类专业的制图教学，也可供医药、化工行业员工培训使用和参考。

在修订中，编者根据几年来使用本书的学校教师的意见，并追踪最新国家和行业标准，对有关内容进行了修改、更新和完善。本书与《化工制图》第2版教材同步，共分为9章。第一章练习制图标准、尺规作图、徒手作图的基本方法；第二至四章为正投影法、点线面、形体的三视图、基本体、组合体以及截交线、相贯线、轴测图等投影作图练习；第五章练习视图、剖视图、断面图等图样画法；第六章练习绘制和阅读标准件和常用件；第七章是零件图和装配图读图练习，并对表面结构、极限与配合、几何公差的识读与标注进行练习；第八、九章是化工设备图和化工工艺图读图练习。

本书针对主教材的各章节内容，精选训练题目、由浅入深，编写了选择题、填空题、绘图训练题、看图训练题等，突出画图和读图技能培养。教师可以从中选择训练题目，布置课堂练习或课外作业，检查学生的学习效果，有能力的学生还可以在完成老师要求的训练题目的基础上进行提高和拓展练习。

本次修订中随主干教材制作了配套光盘，内附《化工制图绘图与识图训练》答案，供师生参考。

参加本书修订编写工作的有：刘喜红编写第一章，孙孟展编写第二章，冯刚利编写第三章，崔京华编写第四章，张英编写第五章，李长航编写第六章，朱国民编写第七章，孙安荣编写第八、九章。全书由孙安荣、朱国民主编。

由于编者水平有限，书中难免有错误和疏漏，恳请读者批评指正。

编者

2013年3月

目　录

第一章　制图的基本知识

1-1　字体练习

1. 汉字

化工制图字体书写必须做到字体工整笔画清楚间

匀排列整齐横平竖直起落有锋结构匀称填满字格汉字写成长仿

班级__________　　姓名__________　　学号__________

1-1 字体练习(续)

2. 数字和字母

0 1 2 3 4 5 6 7 8 9 R φ　0 1 2 3 4 5 6 7 8 9 R φ　0 1 2 3 4 5 6 7 8 9 R φ

a b c d e f g h i j k l m n o p q r s t u v w x y z

A B C D E F G H I J K L M N O P Q R S T U V W X Y Z

班级__________　姓名__________　学号__________

1-2 图线练习

在指定位置抄画下列图线和图形

(1)

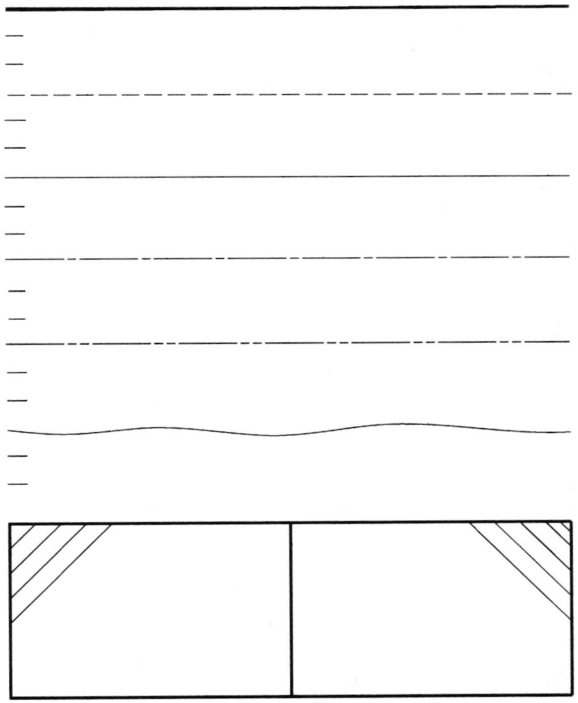

(2)

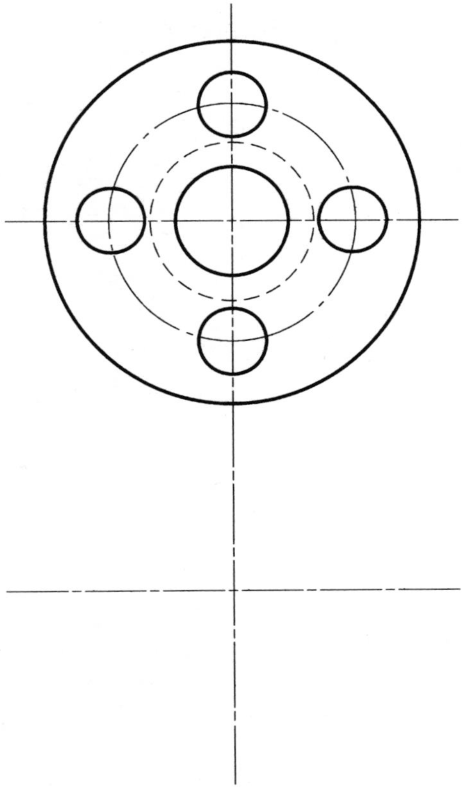

班级__________ 姓名__________ 学号__________

1-3 尺寸注法

1. 注写(1)、(3)、(4)的尺寸数值，补画(2)的直径或半径尺寸的箭头并注写尺寸数值(数值从图中量取，取整数)	
(1)	(2)
(3)	(4)

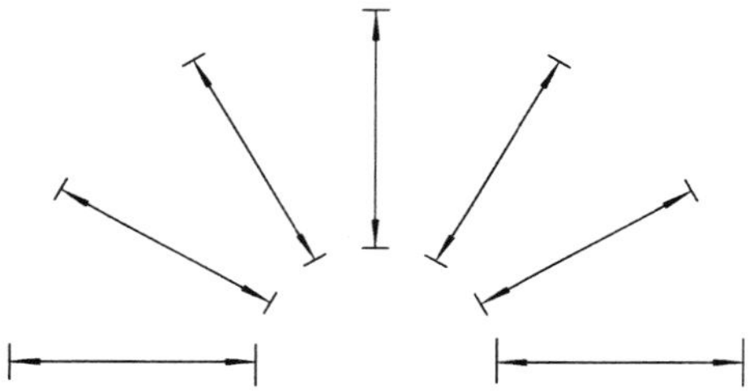

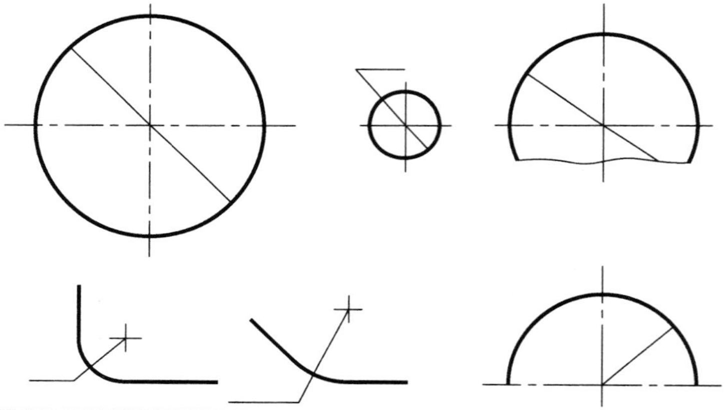

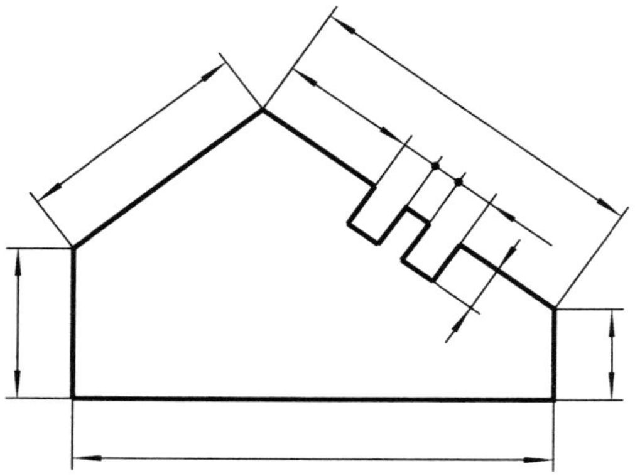

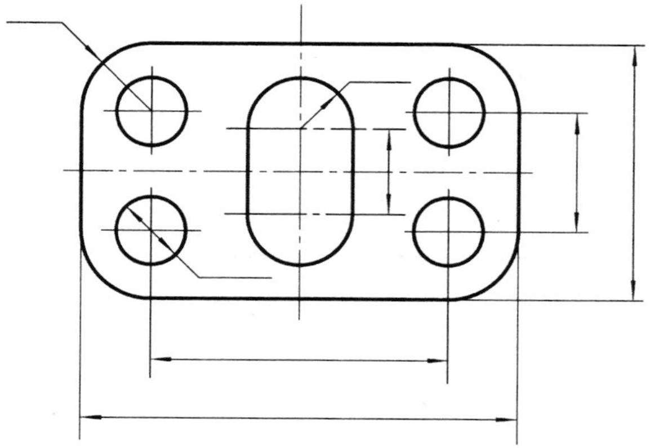

班级________　　姓名________　　学号________

2. 指出图中尺寸标注的错误，在下图中正确注出

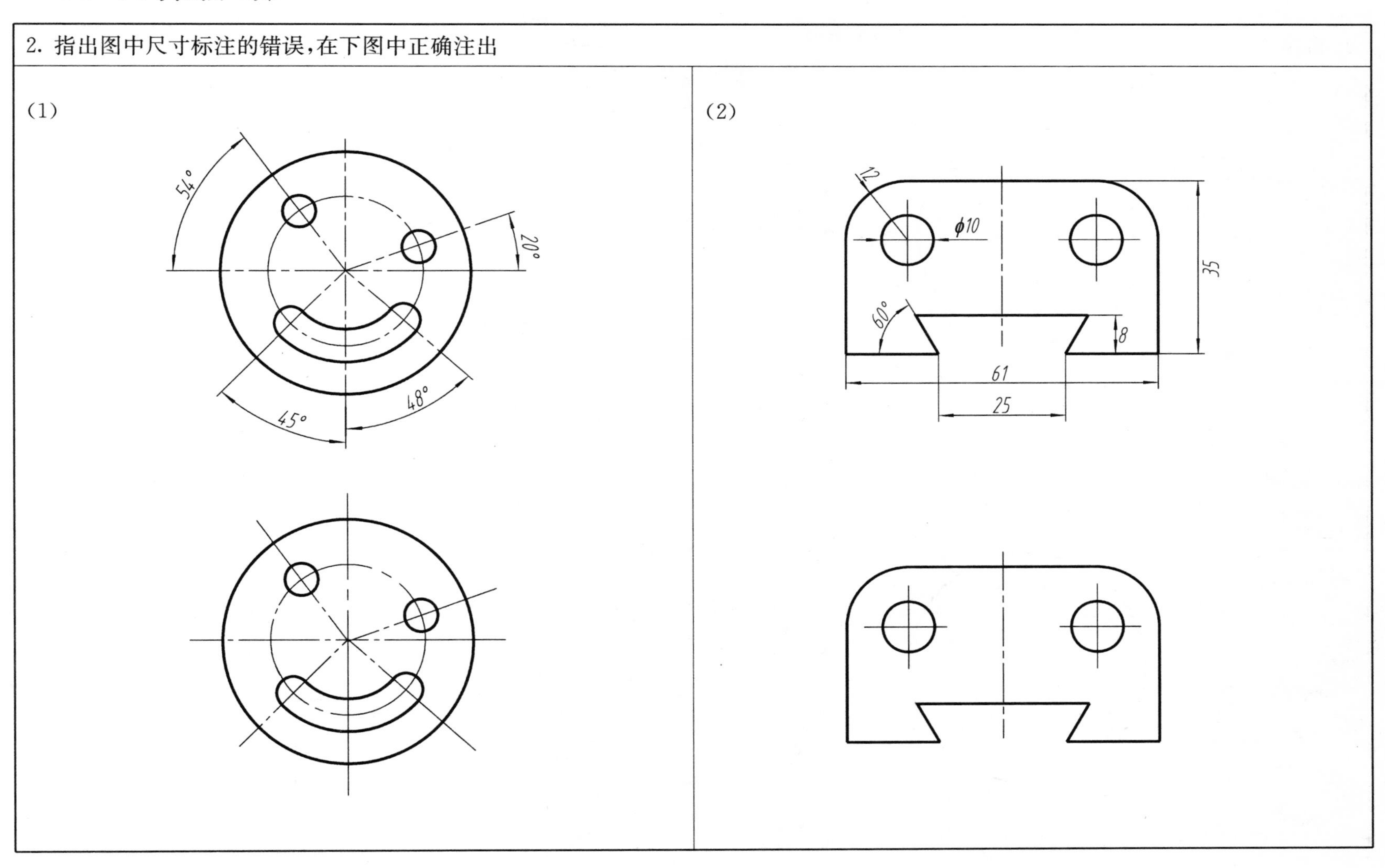

班级__________　　姓名__________　　学号__________

1-4　尺规作图

1. 圆周等分	2. 斜度与锥度
(1)作圆的内接正三边形 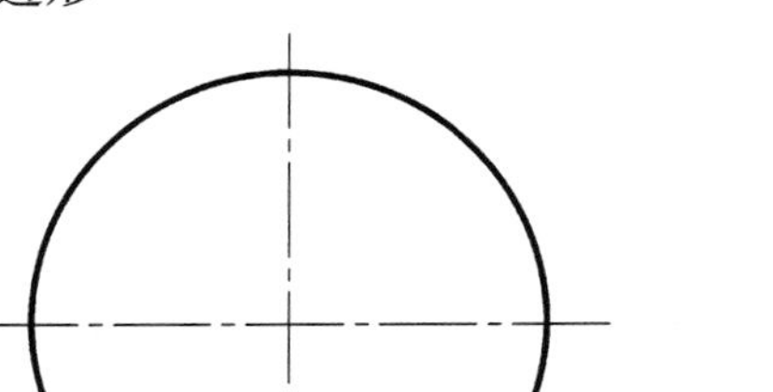	(1)参照图例按斜度 1：5 补全下图，并标注 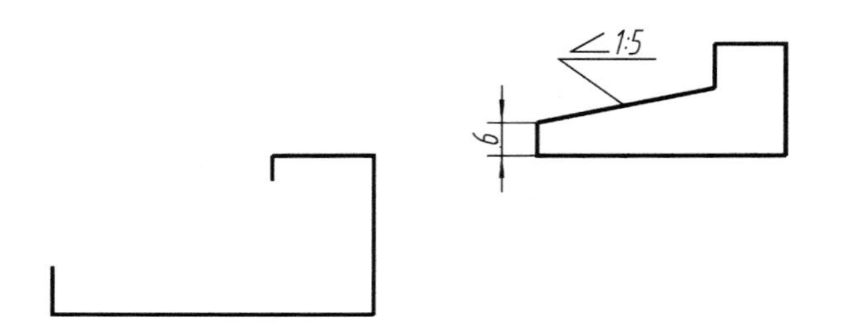
(2)作圆的内接正六边形 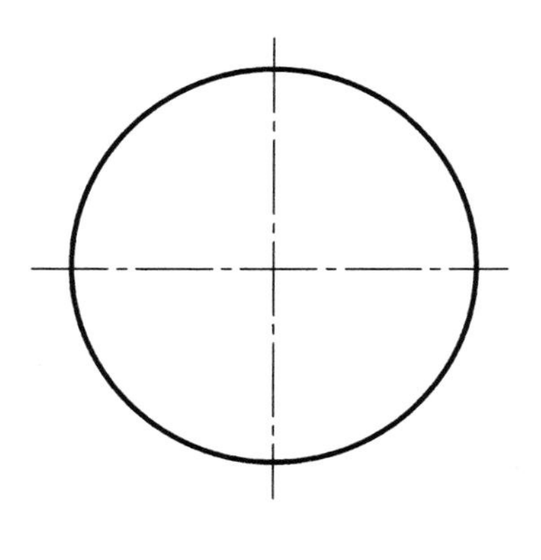	(2)参照图例按锥度 1：3 补全下图，并标注 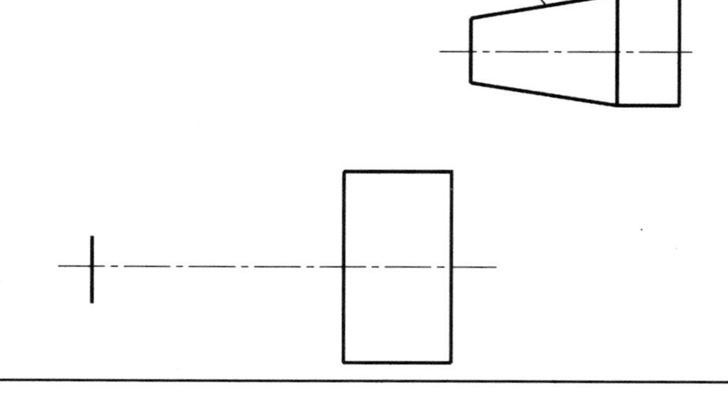

班级__________　　　　姓名__________　　　　学号__________

1-4 尺规作图(续)

3. 圆弧连接

(1)参照图例,补全平面图形的轮廓,保留找圆心及切点时的作图线(比例 1∶1)

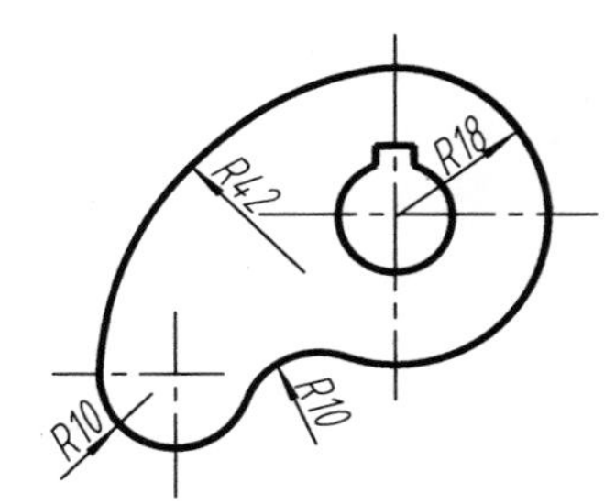

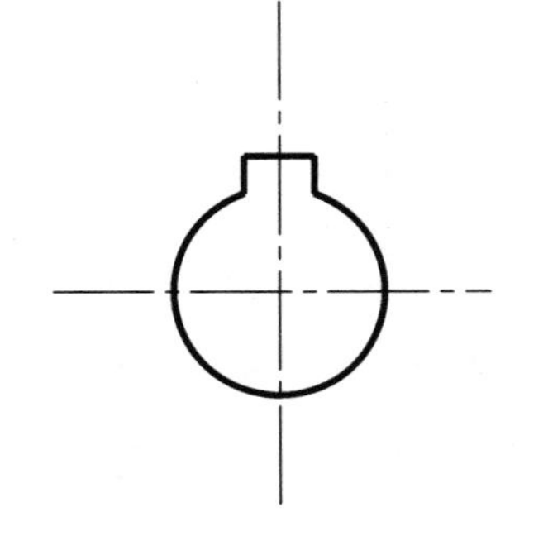

(2)在空白处抄画平面图形(比例 1∶1)

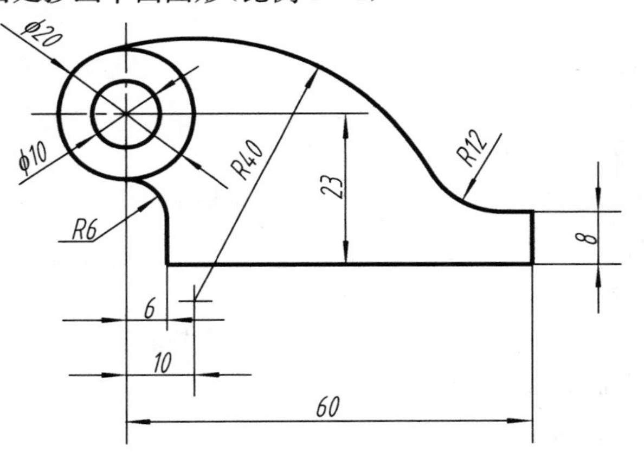

班级__________ 姓名__________ 学号__________

4. 平面图形

平面图形训练作业指导

一、作业目的

1. 熟悉基本绘图工具的使用方法。

2. 掌握平面图形的尺寸分析和线段分析方法及连接技巧。

二、作业内容

按给定图例,用 1∶1 的比例在 A4 幅面的图纸上画出图形,并标注尺寸。

三、作图步骤

1. 分析图形的尺寸和线段,确定作图步骤。

2. 绘制底稿

1)画图框线及标题栏。

2)布置图面,将图形布置在图框中的适当位置。画图时,先画基准线、对称中心线等,再画已知线段、中间线段、连接线段。

3)画尺寸界线及尺寸线。

4)检查修改底稿,并用铅笔加深。

5)画箭头、填写尺寸数字及标题栏。

6)校对并修饰全图。

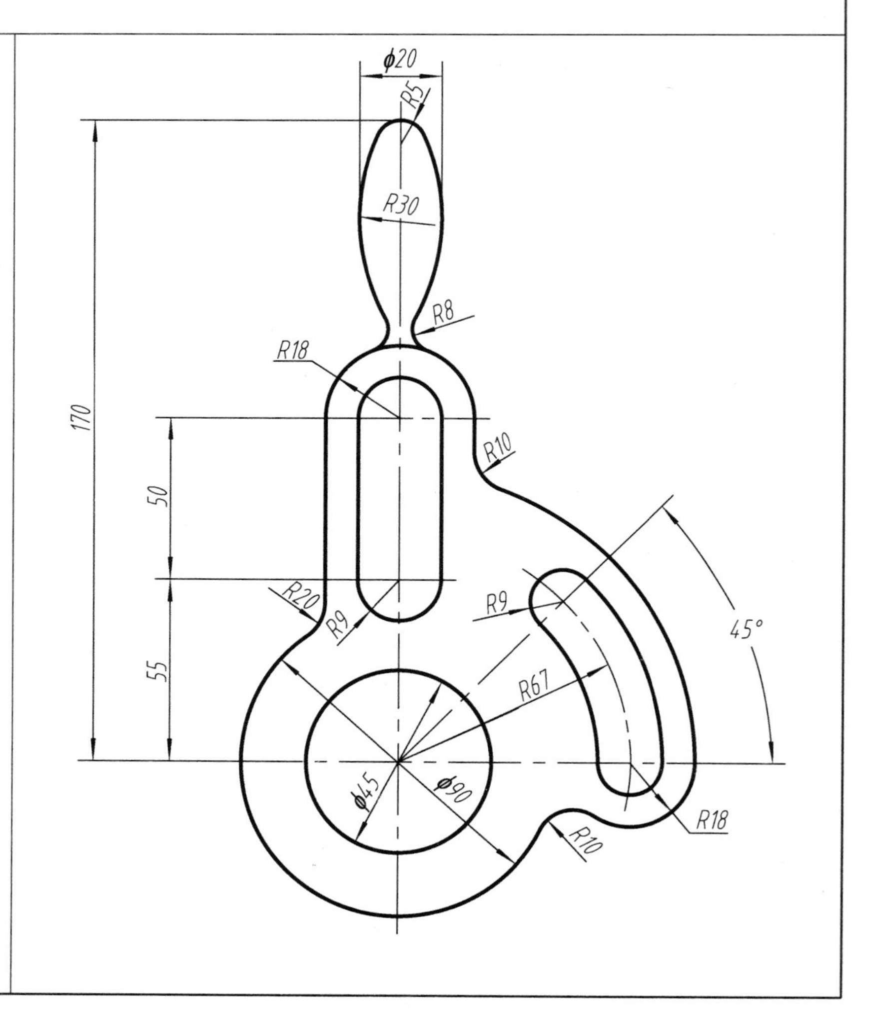

班级__________　　姓名__________　　学号__________

1-5 徒手作图

1. 徒手抄画直线、圆、圆弧

(1)画直线

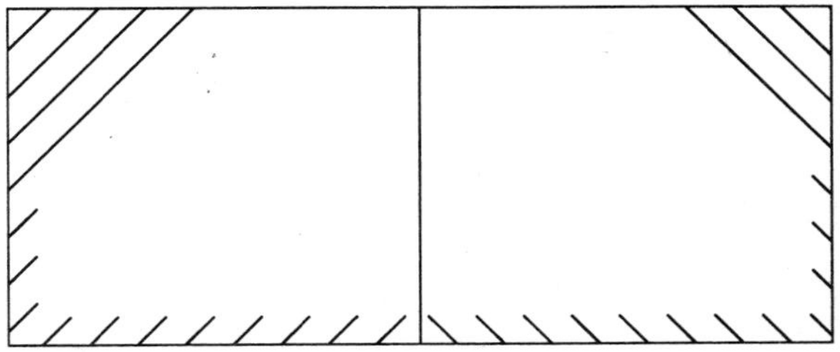

(2)画直径为 $\phi16$ 和 $\phi30$ 的圆。

(3)画圆弧(画图形的对称侧)

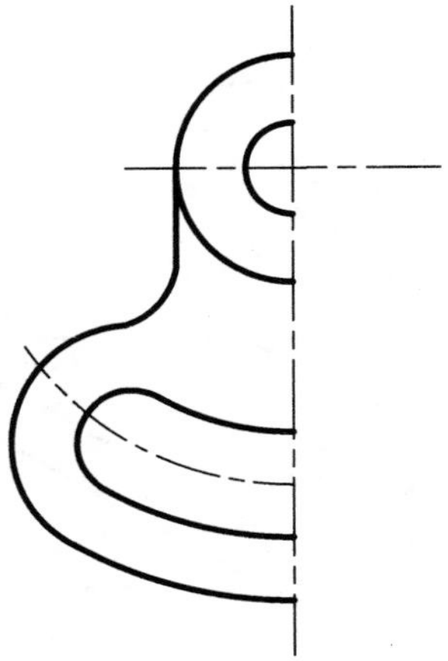

班级________ 姓名________ 学号________

2. 在右侧徒手抄画物体的三视图和立体图

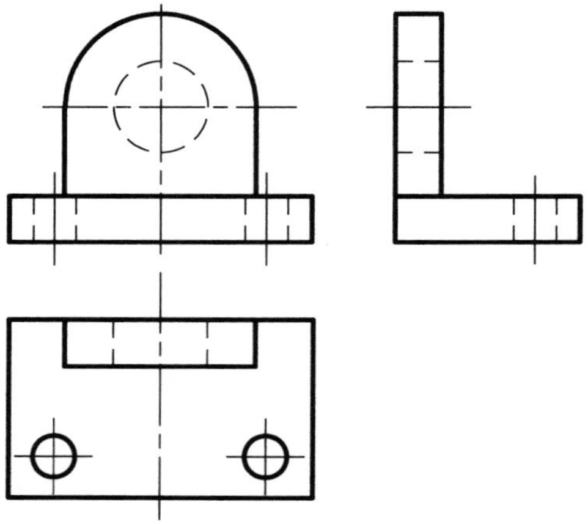

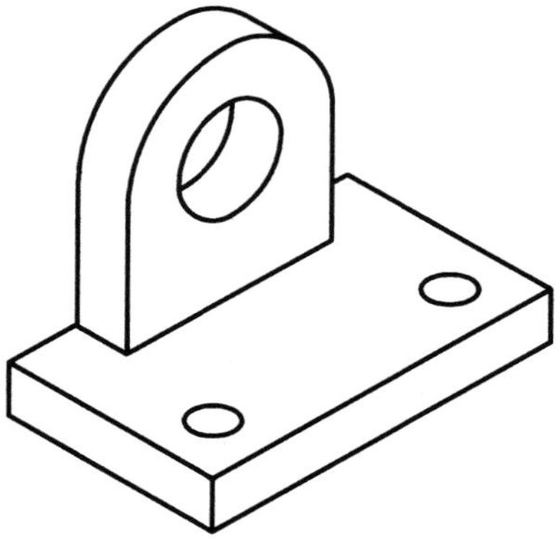

班级__________ 姓名__________ 学号__________

1-6 选择、填空题

一、选择题

1. 我国机械制图国家标准的代号是(　　)。
   A. JB　　B. GB　　C. HB　　D. VB
2. A3 图纸幅面的尺寸为(　　)。
   A. 210×297　　B. 297×420
   C. 420×594　　D. 594×841
3. 制图国家标准规定,必要时图纸幅面尺寸可以沿(　　)边加长。
   A. 长　　B. 短　　C. 斜　　D. 各边
4. 标题栏一般应画在图纸的(　　)。
   A. 左上角　　B. 右上角　　C. 左下角　　D. 右下角
5. 图纸的基本幅面有(　　)种。
   A. 2　　B. 3　　C. 5　　D. 10
6. 国家标准规定,字体高度系列为 1.8、2.5、3.5、5、7、10、14、(　　)mm。
   A. 15　　B. 18　　C. 20　　D. 23
7. 国家标准字体 5 号字指的是(　　)。
   A. 字宽为 5mm　　B. 字高为 5mm
   C. 字体倾斜的角度　　D. 字高与字宽之比为 5mm
8. 机械制图国家标准规定汉字应该书写成(　　)。
   A. 草体　　B. 宋体
   C. 长仿宋体　　D. 楷体
9. 用缩小一倍的比例绘图,在标题栏比例项中应填(　　)。
   A. 1∶1　　B. 1∶2　　C. 2/1　　D. 2∶1
10. 物体上为 10mm 长,在图面上以 20mm 长来表示,则其比例为(　　)
    A. 10∶20　　B. 1∶2　　C. 20∶10　　D. 2∶1
11. 投影图中,画可见轮廓线采用(　　)线型。
    A. 粗实线　　B. 细实线　　C. 虚线　　D. 点画线
12. 当圆的直径较小时(≤10mm),允许用(　　)代替细点画线绘制圆的中心线。
    A. 粗实线　　B. 细实线　　C. 虚线　　D. 波浪线
13. 同一图样中,同类图线的宽度应基本一致,(　　)和点画线的线段长度和间隔应各自大致相等。
    A. 虚线　　B. 波浪线　　C. 粗实线　　D. 细实线
14. 机件的每一尺寸,一般只标注(　　),并应注在反映该形状最清晰的图形上。
    A. 一次　　B. 二次　　C. 三次　　D. 四次
15. 整圆或大于半圆的圆弧,应注(　　)。
    A. 半径　　B. 直径
    C. 半径或直径　　D. 半径和直径
16. 小于半圆的圆弧,一般应注(　　)。
    A. 半径　　B. 直径
    C. 半径或直径　　D. 半径和直径
17. 利用一组三角板配合丁字尺,可画(　　)倍数角的斜线。
    A. 10°　　B. 15°　　C. 20°　　D. 25°
18. (　　)是用来量取尺寸和分割线段的工具。
    A. 圆规　　B. 分规　　C. 比例尺　　D. 三角板

班级__________　　姓名__________　　学号__________

1-6 选择、填空题(续)

19. 下列各型号铅笔,( )笔心最软,所绘线条最黑。
    A. 3H B. 2H C. HB D. 3B
20. 绘制平面图形时,应先画出图形的( )。
    A. 基准线 B. 已知线段
    C. 中间线段 D. 连接线段

二、填空题

1. 图样中书写的字体,必须做到________、________、________、________。
2. 图样中所标注的尺寸数值必须是机件的________尺寸,即图样中的尺寸标注与绘图所用的比例无关。
3. 绘制中心线、对称线时,应采用________线;绘制不可见轮廓线时,应采用________线;绘制断裂边界线时,应采用________线。
4. 比例的含义是________与________之比。
5. 国标规定,在标注尺寸时,水平方向的尺寸数字字头应________书写;垂直方向的尺寸数字,字头应________书写;工程图样中,尺寸的基本单位为________。
6. 在标注直径尺寸时,尺寸数字前面应加注符号________;在标注半径尺寸时,尺寸数字前面应加注符号________。
7. 一个完整的尺寸应包括________、________、________、________四个部分。
8. 画圆弧连接时,必须先求出连接圆弧的________和________。
9. 确定平面图形形状和大小的尺寸称为________;确定各图形基准间相对位置的尺寸称为________。
10. 尺规作图时,要先画________,检查无误后再描深。

(刘喜红)

班级________ 姓名________ 学号________

第二章　投影基础

2-1　形体的三视图

1. 对照立体图，看懂三视图，在括号内填写相应的序号

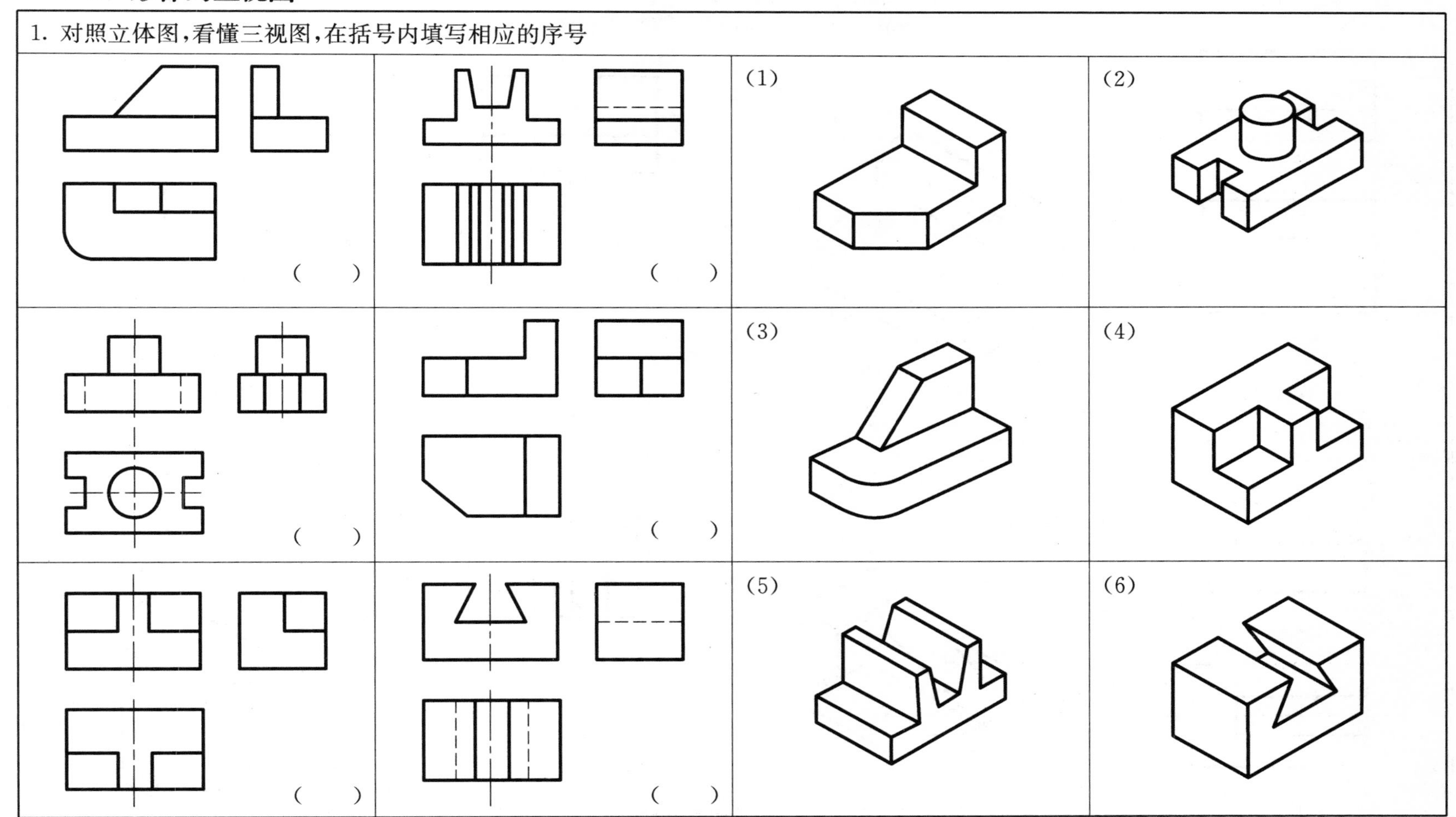

班级__________　　姓名__________　　学号__________

2. 对照立体图,补画第三视图

(1)

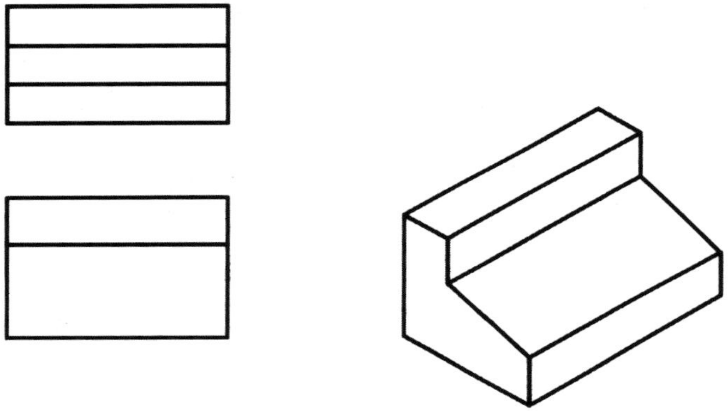

(2)

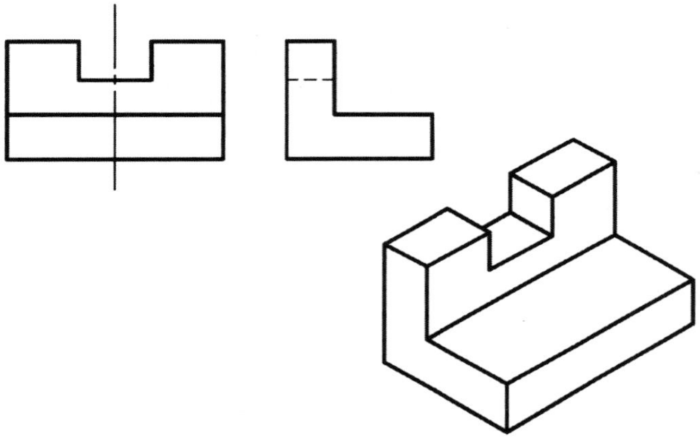

(3)

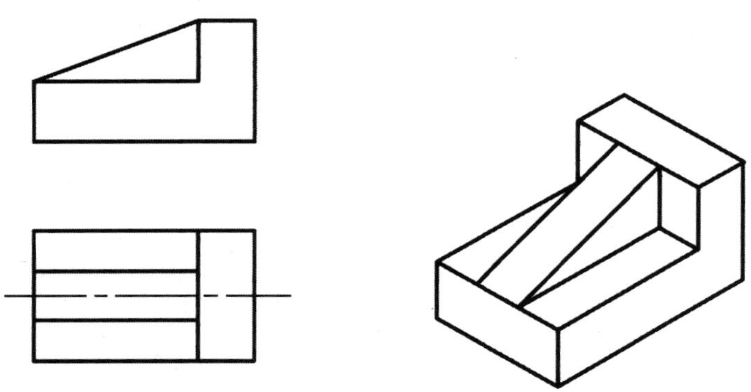

(4)

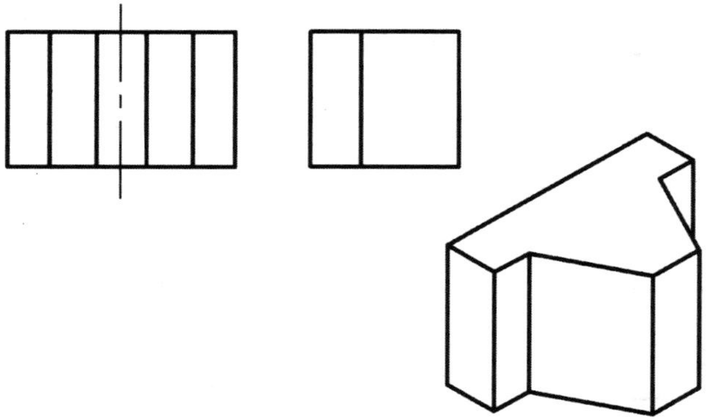

班级____________　　姓名____________　　学号____________

2-2 点的投影

1. 根据 A 点的直观图作出点的三面投影(尺寸按 1∶1 在图中量取,并写出坐标值)

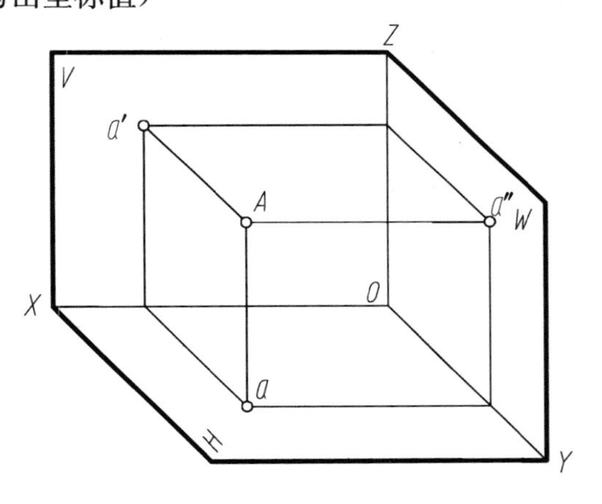

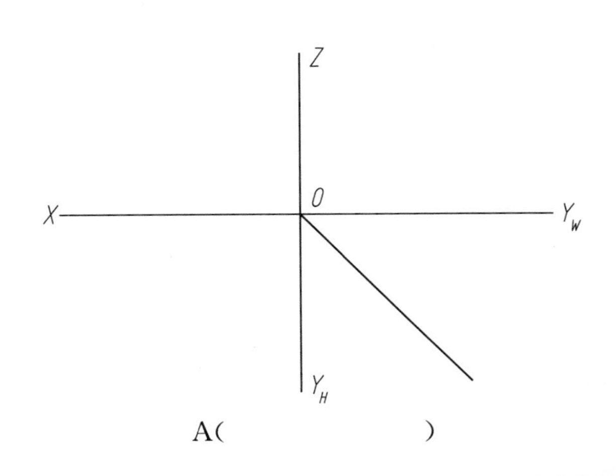

A(   )

2. 已知 A、B 两点对投影面的距离,画出它们的三面投影图

	距 V 面	距 H 面	距 W 面
A	10	16	21
B	22	7	9

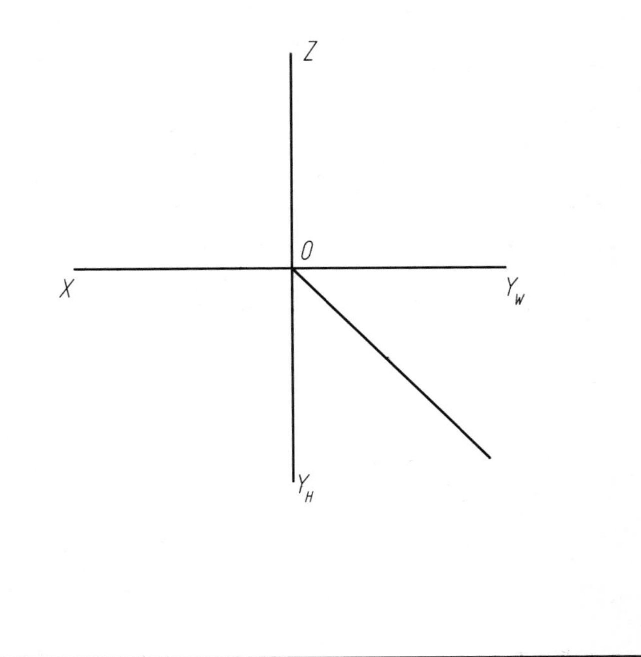

班级__________ 姓名__________ 学号__________

2-2 点的投影(续)

3. 已知 A 点的三面投影,B 点在 A 点左方 12、前方 9、下方 10,求作 B 点的三面投影

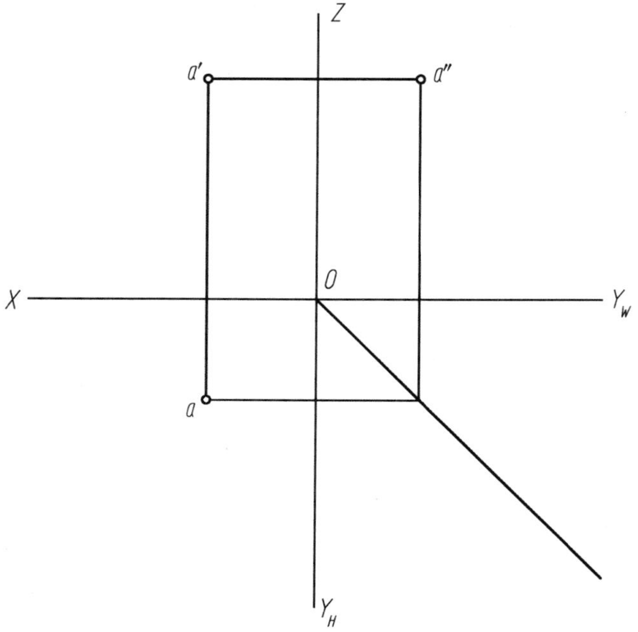

4. 已知 A、B 点的两面投影,补画第三面投影,并判断两点的相对位置

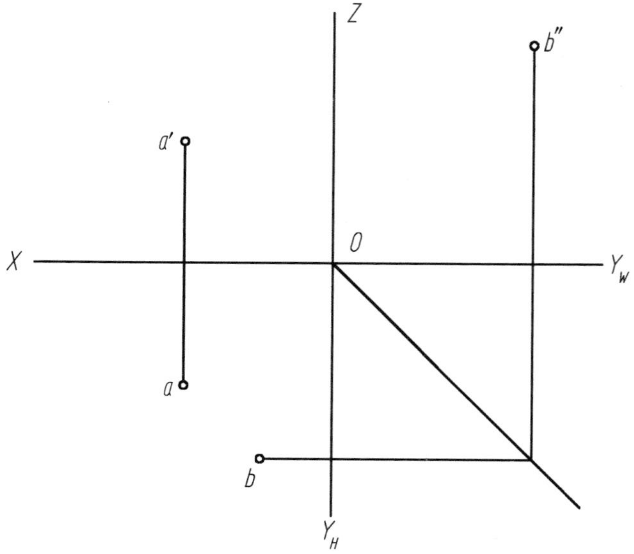

A 点在 B 点的______、______、______方

班级______ 姓名______ 学号______

2-3　直线的投影

1. 已知直线的两面投影，求第三面投影，同时求出直线上 M 点的三面投影，并判断直线的空间位置

(1)

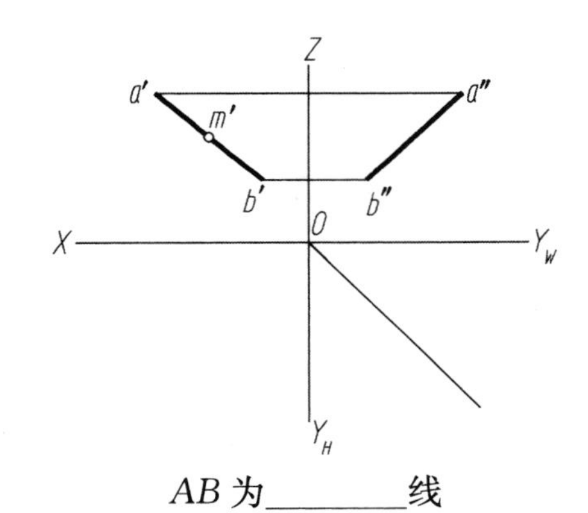

AB 为________线

(2)

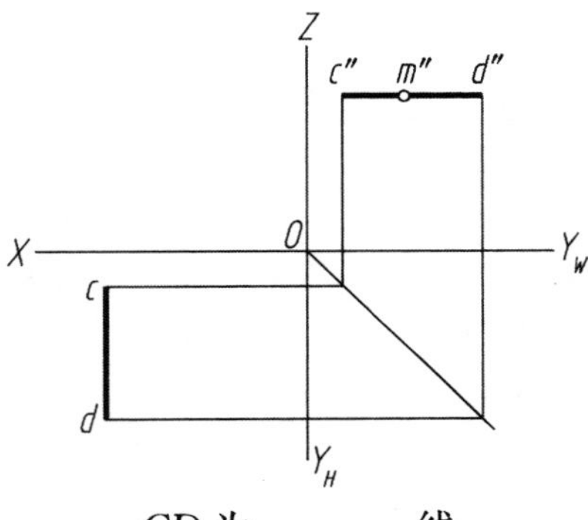

CD 为________线

(3)

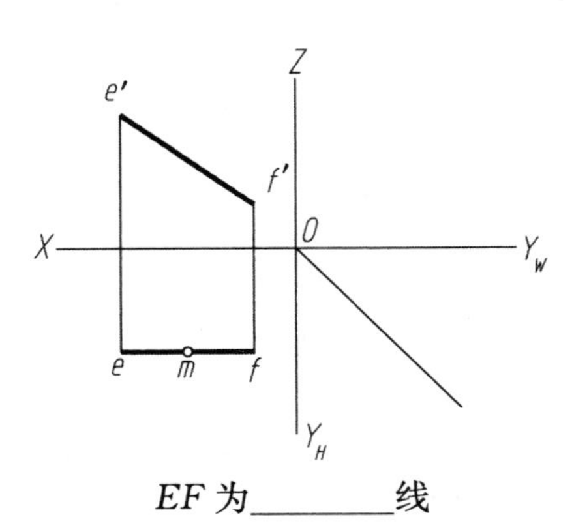

EF 为________线

(4)

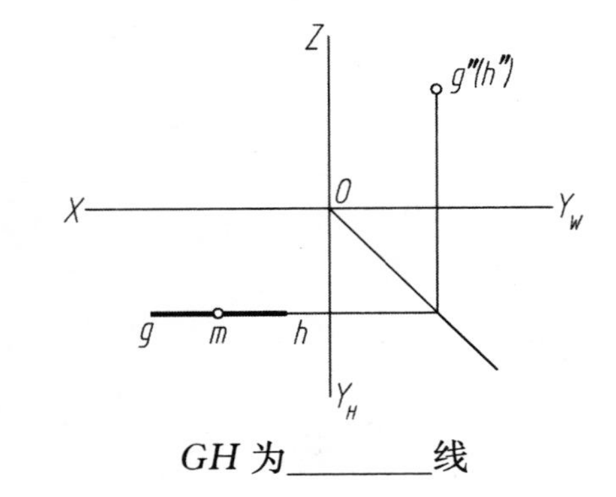

GH 为________线

班级__________　　姓名__________　　学号__________

2-3　直线的投影(续)

2. 已知直线 AB 两端点的坐标为 A(20,9,15),B(13,18,7),作出该直线的三面投影

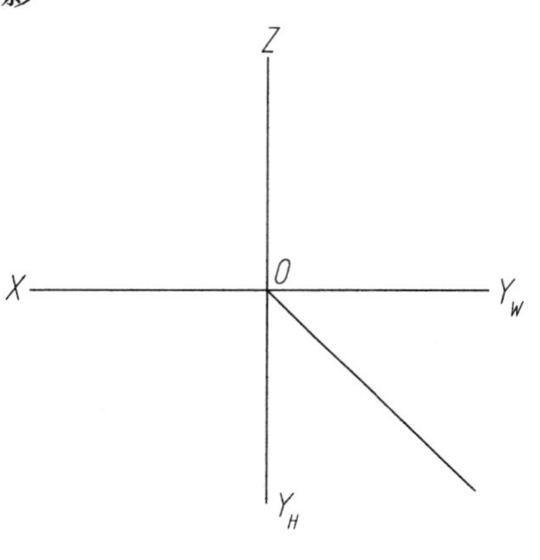

3. 已知正平线 CD 的 V 面投影和 C 点的 H 面投影,完成 CD 的三面投影

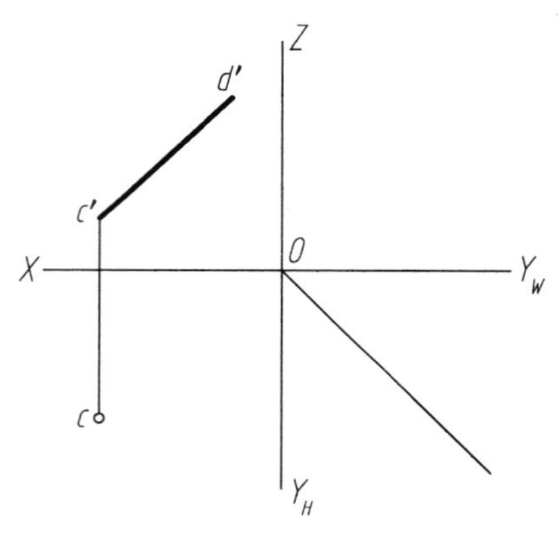

4. 已知 A 点的两面投影,作正垂线 AB 的三面投影,实长为 12mm,B 点在 A 点的后方

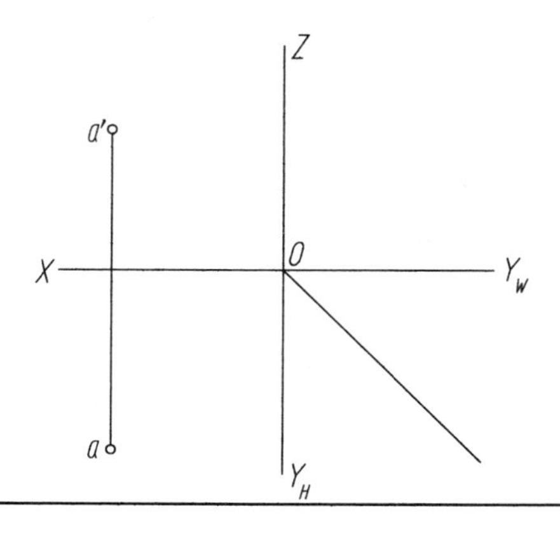

5. 在直线 AB 上取一点 M,使 $AM:MB=1:2$,试作出 M 点的两面投影

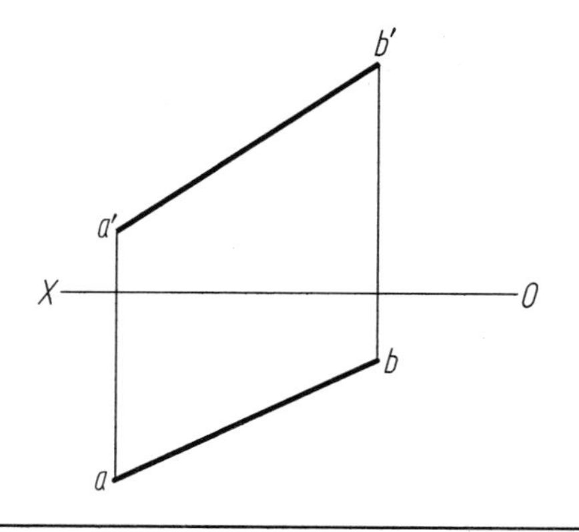

班级__________　　姓名__________　　学号__________

2-4　平面的投影

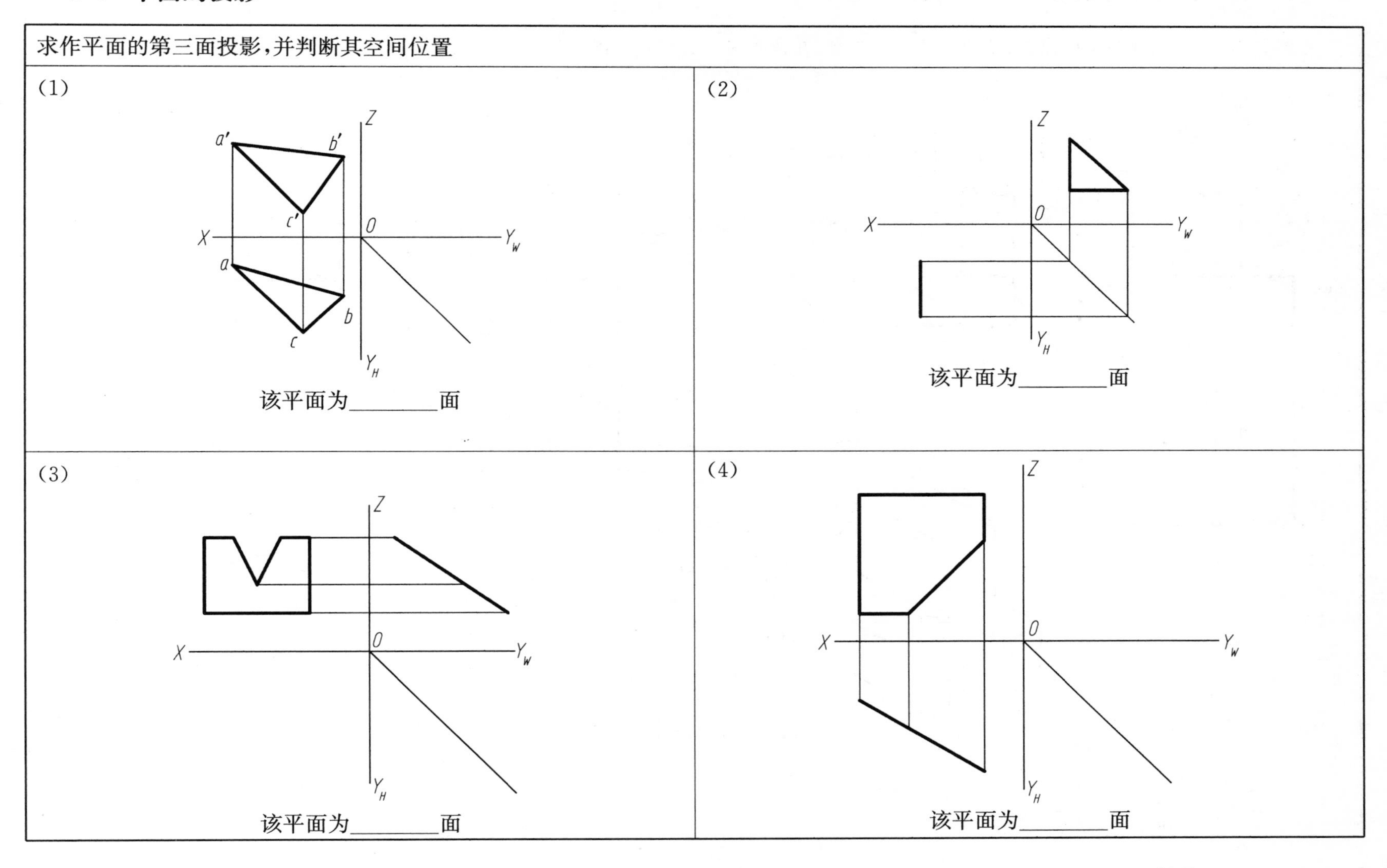

班级__________　　　　姓名__________　　　　学号__________

2-5 在三视图中分析形体上点、直线、平面的投影

1. 对照立体图，在三视图中标出 A、B 两点的三面投影，并说明两点的相对位置

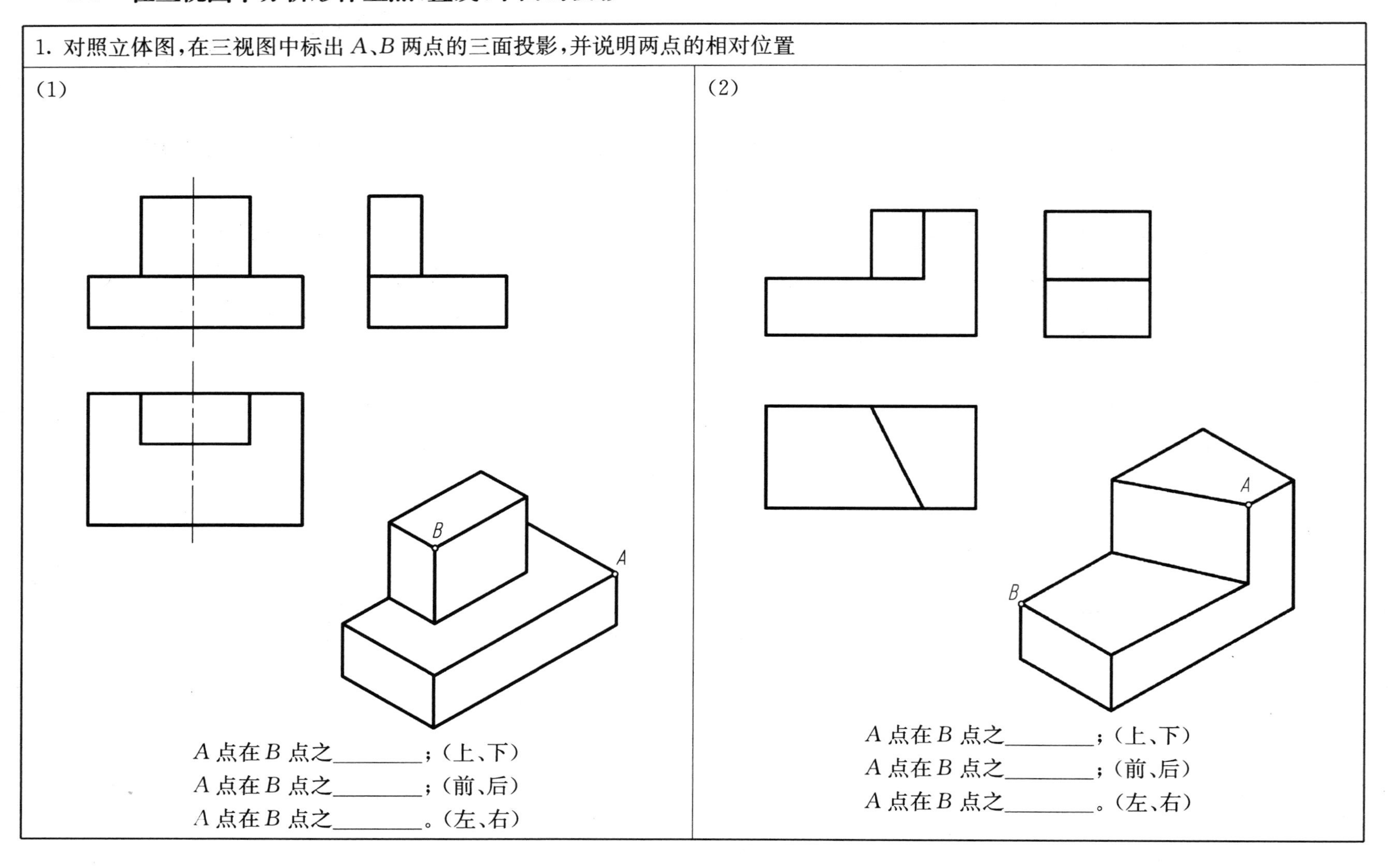

(1)

A 点在 B 点之________；(上、下)
A 点在 B 点之________；(前、后)
A 点在 B 点之________。(左、右)

(2)

A 点在 B 点之________；(上、下)
A 点在 B 点之________；(前、后)
A 点在 B 点之________。(左、右)

班级__________ 姓名__________ 学号__________

2-5 在三视图中分析形体上点、直线、平面的投影(续)

2. 对照立体图,在三视图中标出直线、平面的三面投影,并判断其空间位置

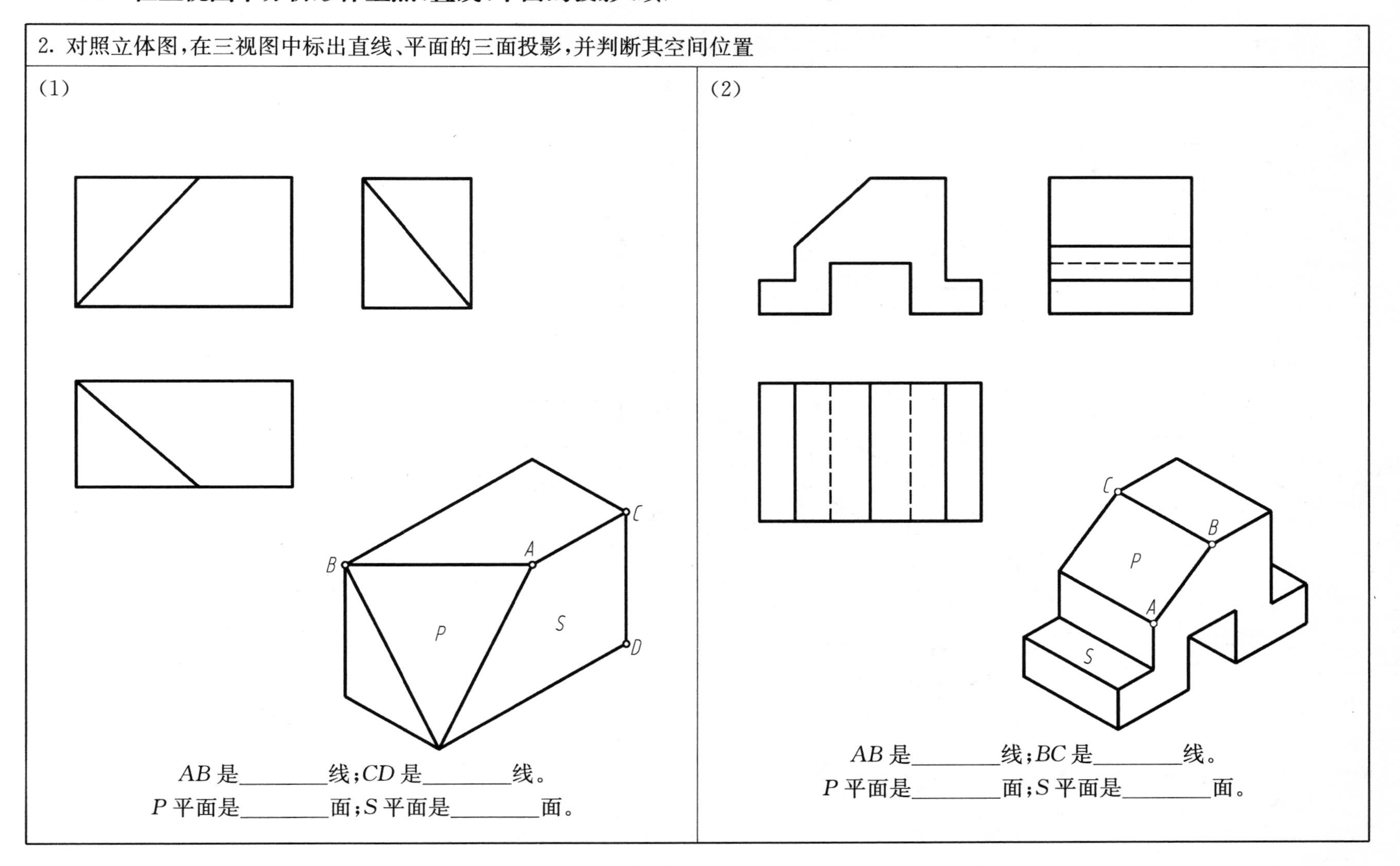

(1) AB 是________线;CD 是________线。
P 平面是________面;S 平面是________面。

(2) AB 是________线;BC 是________线。
P 平面是________面;S 平面是________面。

班级__________ 姓名__________ 学号__________

2-5 在三视图中分析形体上点、直线、平面的投影(续)

2. 对照立体图，在三视图中标出直线、平面的三面投影，并判断其空间位置

(3)

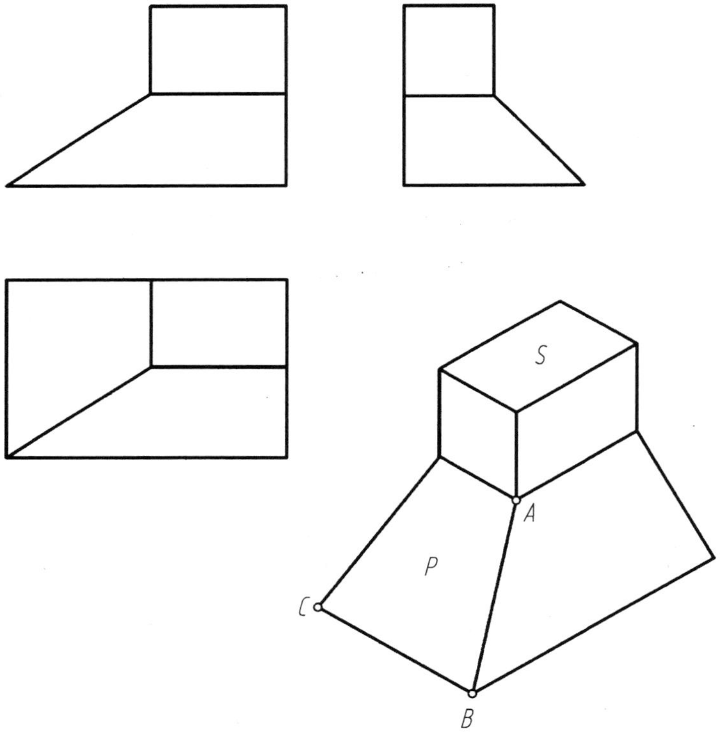

S
A
P
C
B

AB 是________线；*BC* 是________线。

P 平面是________面；*S* 平面是________面。

(4)

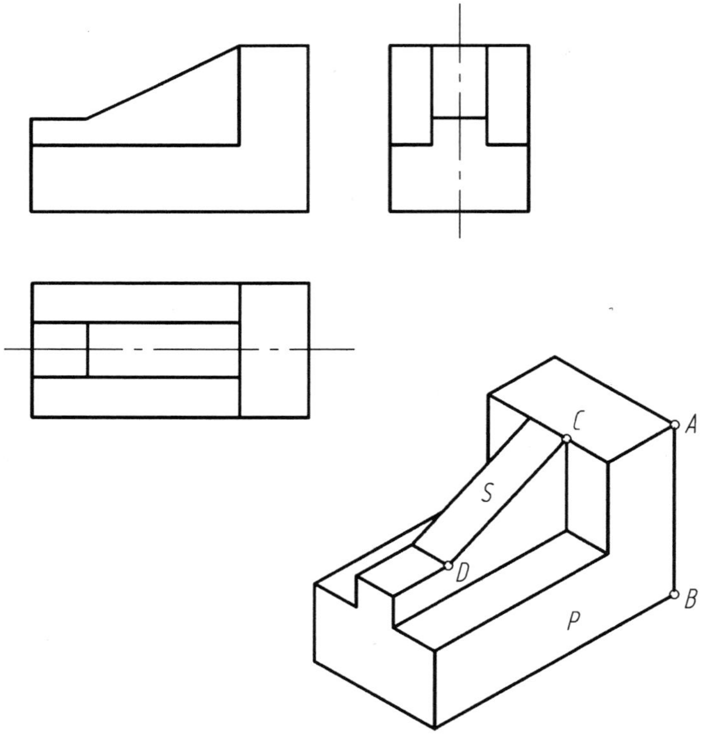

C
A
S
D
B
P

AB 是________线；*CD* 是________线。

P 平面是________面；*S* 平面是________面。

班级__________ 姓名__________ 学号__________

2-6 选择、填空题

一、选择题

1. 正投影的基本性质主要有真实性、积聚性和(　　)。
   A. 类似性　B. 特殊性　C. 统一性　D. 普遍性
2. 投射线与投影面垂直的平行投影法称为(　　)。
   A. 中心投影法　B. 正投影法
   C. 斜投影法　D. 直角投影法
3. 三视图中,俯视图反映物体(　　)。
   A. 左右、上下关系　B. 左右、前后关系
   C. 前后、上下关系　D. 左右、上下、前后关系
4. 俯视图和左视图中,靠近主视图的一面是物体的(　　)。
   A. 前面　B. 后面　C. 左面　D. 右面
5. 与三个投影面都倾斜的直线称为(　　　)。
   A. 投影面平行线　B. 投影面垂直线
   C. 一般位置直线　D. 投影面倾斜线
6. 点 A 到 V 面的距离即为该点的(　　)坐标。
   A. X　B. Y　C. Z　D. Y 或 Z
7. 立体上的某一平面,如果其一个投影为线框,另两投影是直线,则该平面为(　　)。
   A. 投影面平行面　B. 投影面垂直面
   C. 一般位置平面　D. 投影面倾斜面
8. 垂直于 V 面的直线,称其为(　　)。
   A. 铅垂线　B. 侧垂线　C. 正垂线　D. 水平线
9. 下列哪一个平面在 V 面的投影反映实形。(　　)
   A. 正垂面　B. 正平面
   C. 一般位置平面　D. 铅垂面
10. 垂直于 W 面,倾斜于 V 面及 H 面的平面称为(　　)。
    A. 一般位置平面　B. 侧垂面
    C. 水平面　D. 正垂面

二、填空题

1. 投影法分为________和________两种。
2. 三投影面的展开方法是使________面保持不动,________面绕 OX 轴向下旋转 90°,________面绕 OZ 轴向右旋转 90°,使它们与________面处于同一平面上。
3. 三视图的投影规律是:主、俯视图________,主、左视图________,俯、左视图________。俯视图的下方和左视图的右方表示形体的________方。
4. 三视图中,主视图反映物体的________尺寸,俯视图反映物体的________尺寸。
5. 点的投影规律是________、________、________。

(孙孟展)

班级__________　　姓名__________　　学号__________

第三章　基　本　体

3-1　平面体

1. 根据投影图判断点在立体表面上的位置，求作立体的第三面投影，完成点的三面投影

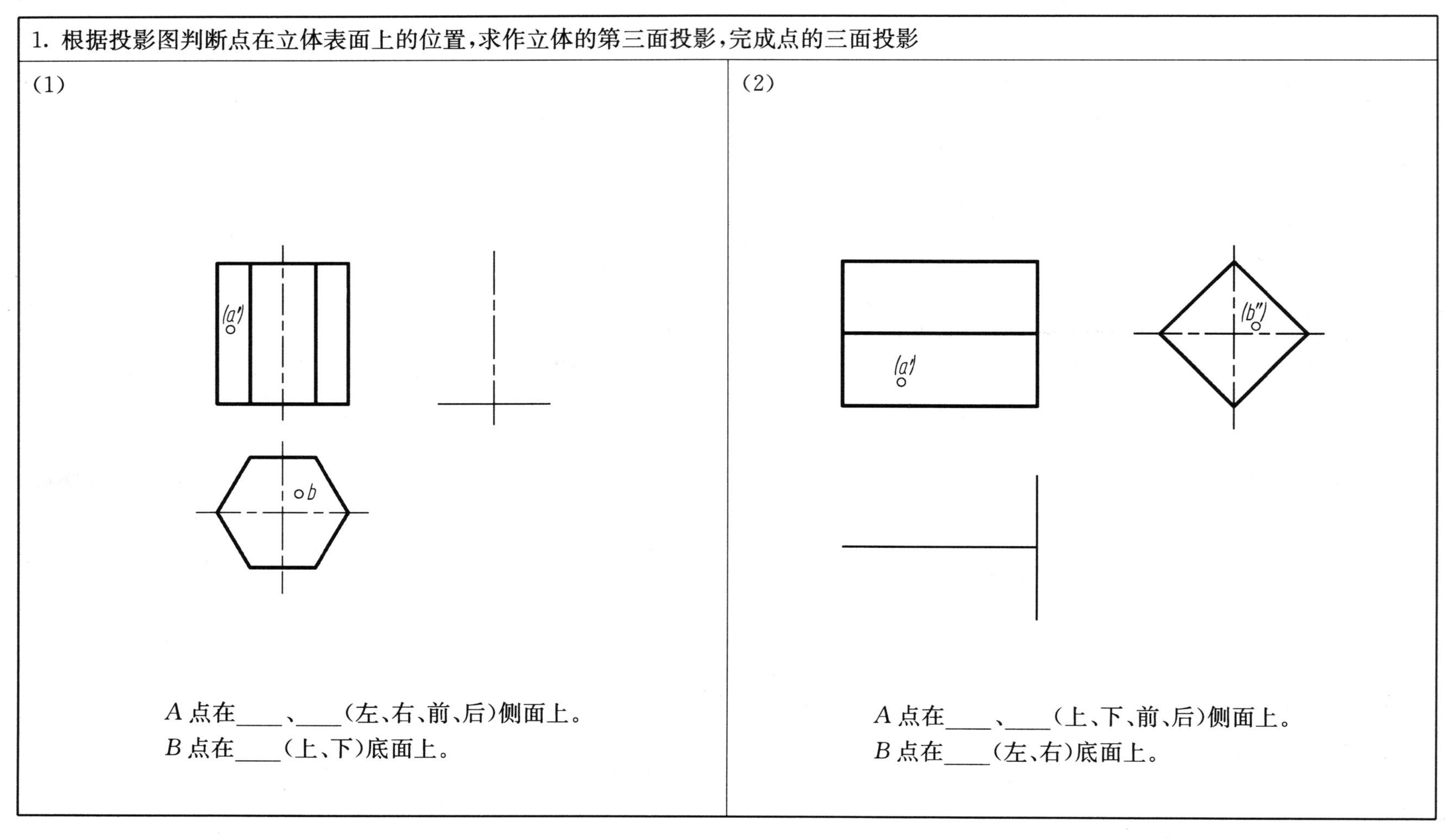

(1)

A 点在____、____（左、右、前、后）侧面上。

B 点在____（上、下）底面上。

(2)

A 点在____、____（上、下、前、后）侧面上。

B 点在____（左、右）底面上。

班级________　　姓名________　　学号________

2. 已知立体及表面上点的两面投影,选择正确的第三面投影

(1)

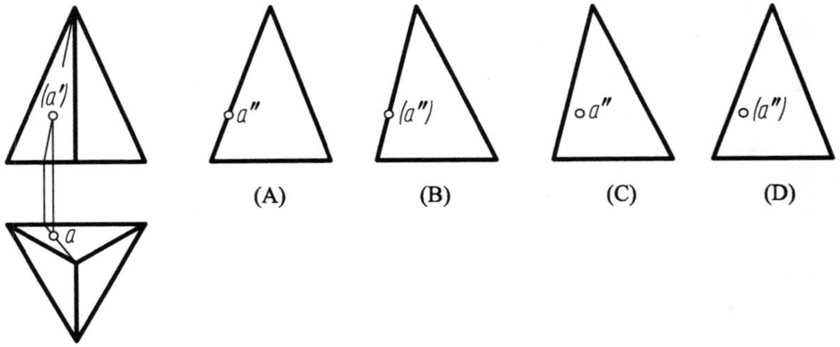

(A)　(B)　(C)　(D)

正确的侧面投影是________。

(2)

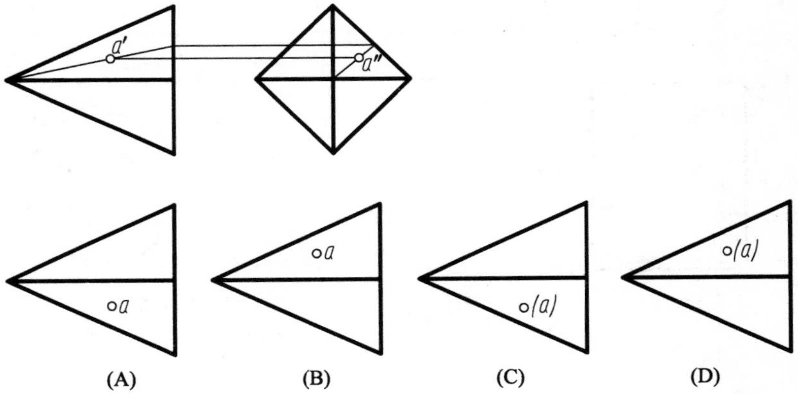

(A)　(B)　(C)　(D)

正确的水平投影是________。

班级________　姓名________　学号________

3-2 回转体

1. 想一想，回转体的视图中漏画了什么线，补画出来

(1)

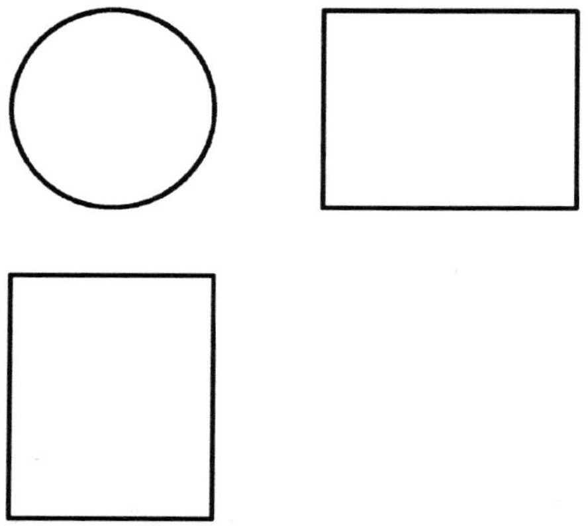

(2)

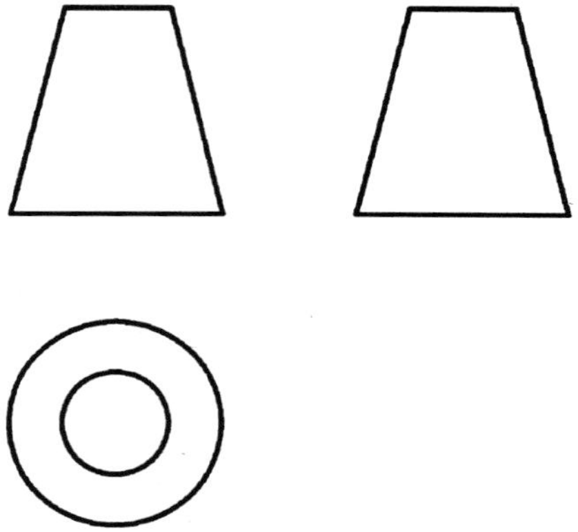

(3)

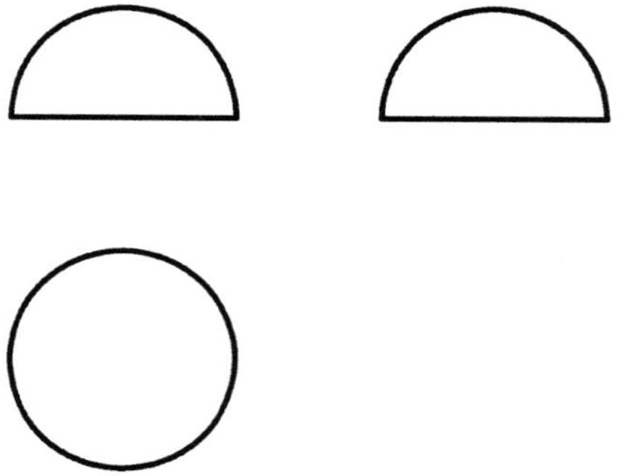

2. 根据两视图分析不完整回转体的形状，补画第三视图

(1)

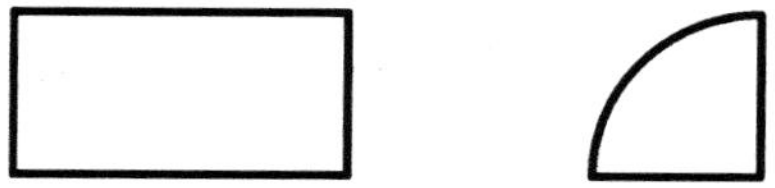

(2)

(3)

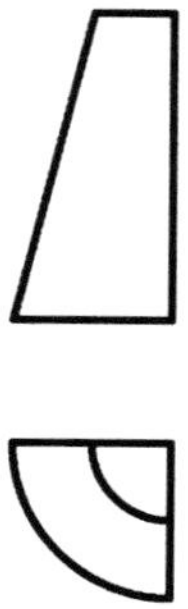

班级____________ 姓名____________ 学号____________

3-2　回转体（续）

3. 根据投影图判断点在立体表面上的位置，求作立体的第三面投影，完成点的三面投影

（1）

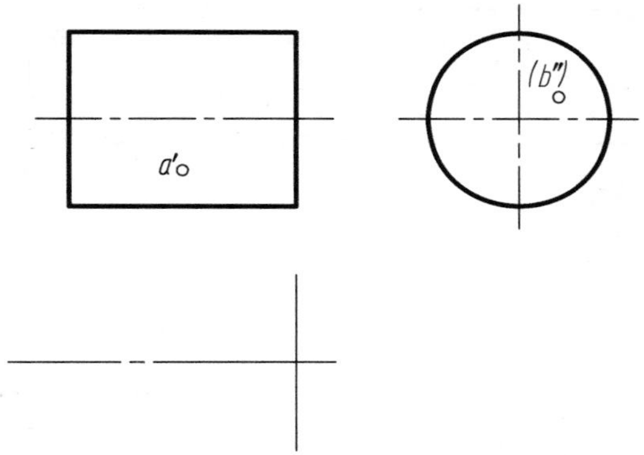

a'　(b'')

A 点位于圆柱侧面的____、____（上、下、前、后）方。

B 点在圆柱面的____（左、右）底面上。

（2）

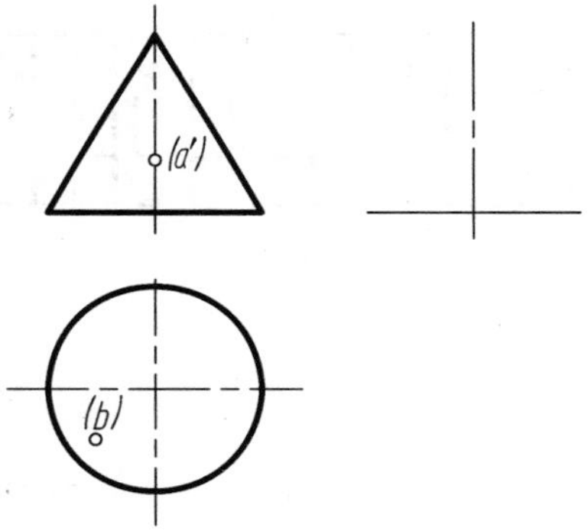

(a')　(b)

A 点在圆锥的最____、____（左、右、前、后）素线上。

B 点在圆锥的____（底、侧）面上。

（3）

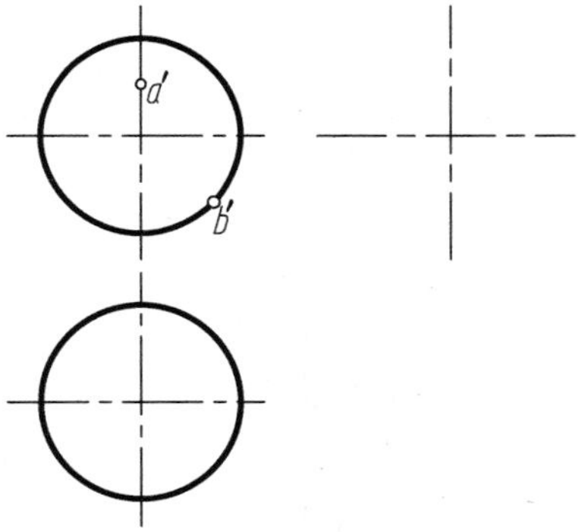

a'　b'

A 点在平行于____（V、H、W）面的轮廓圆上。

B 点在平行于____（V、H、W）面的轮廓圆上。

（4）

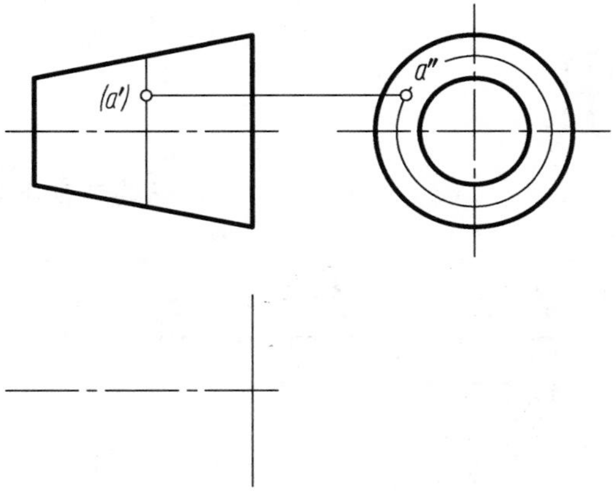

(a')　a''

A 点位于圆台表面的____、____（上、下、前、后）方。

班级__________　　姓名__________　　学号__________

3-3 截交线

1. 已知形体的两视图,选择正确的第三视图

(1)

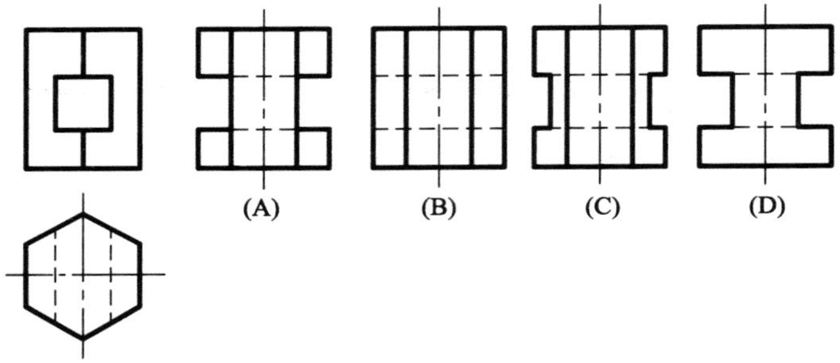

(A) (B) (C) (D)

正确的左视图是________。

(2)

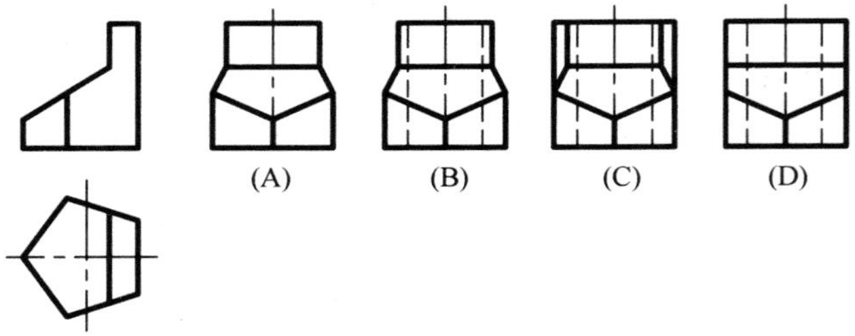

(A) (B) (C) (D)

正确的左视图是________。

(3)

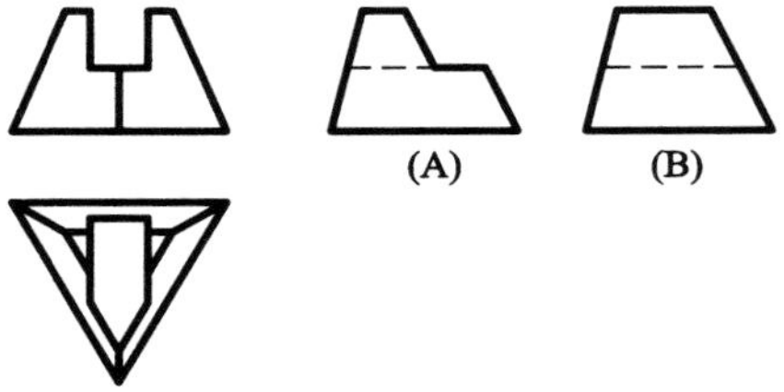

(A) (B)

正确的左视图是________。

(4)

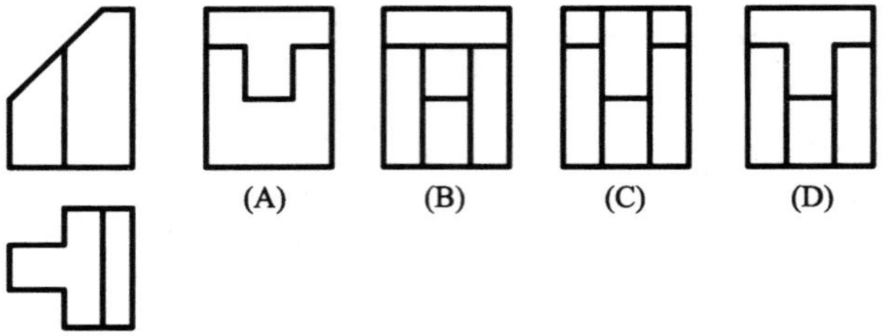

(A) (B) (C) (D)

正确的左视图是________。

(5)

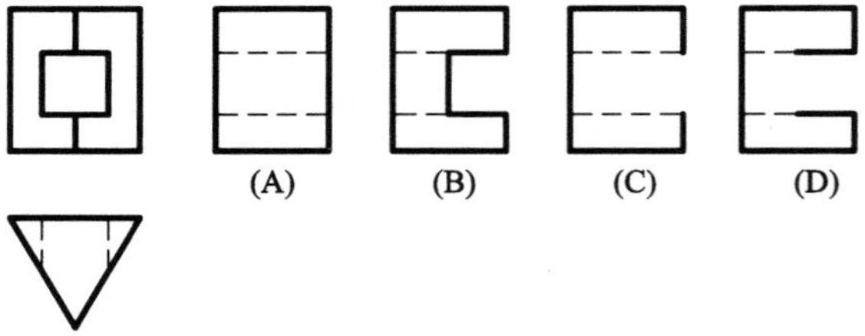

(A) (B) (C) (D)

正确的左视图是________。

(6)

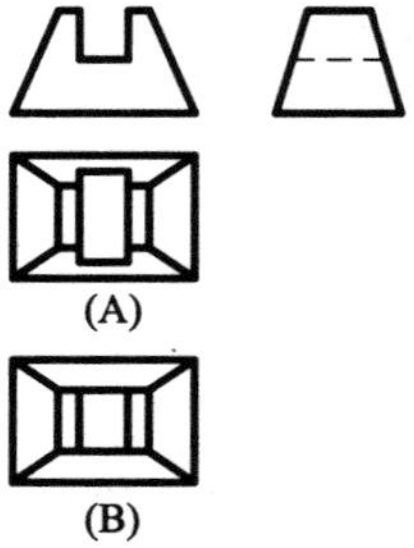

(A)

(B)

正确的俯视图是________。

班级__________ 姓名__________ 学号__________

3-3 截交线(续)

2. 分析平面体的截交线,求作第三视图

(1)

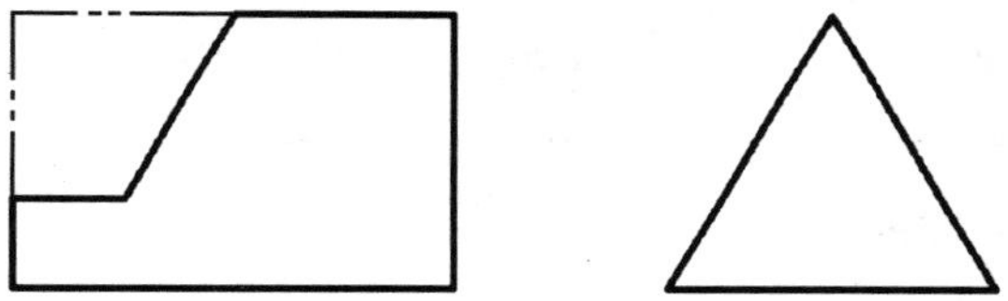

(2)

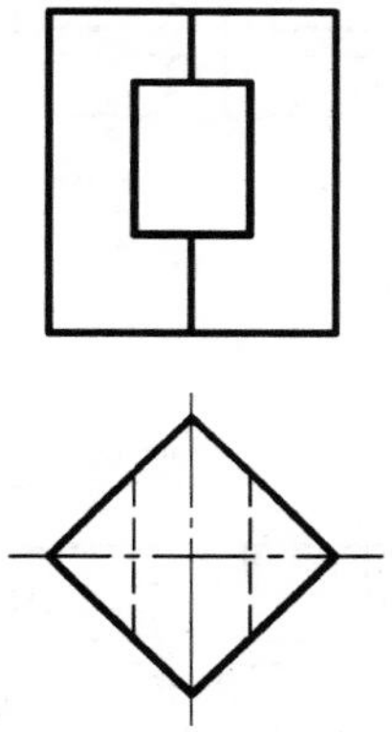

(3)

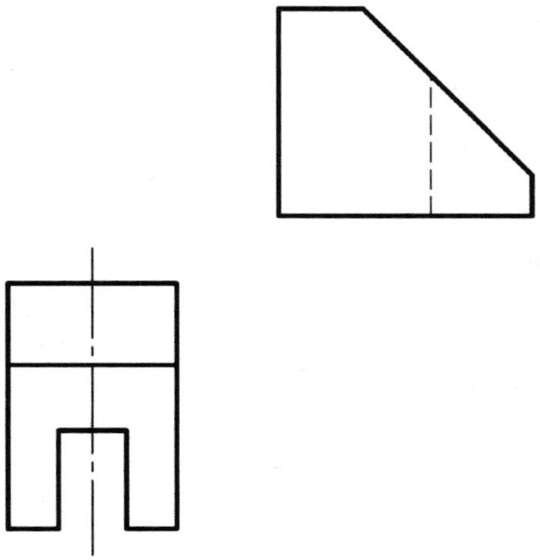

(4)

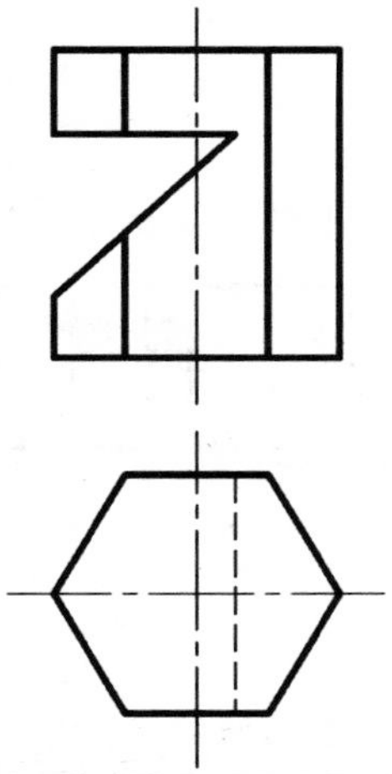

班级__________ 姓名__________ 学号__________

3-3 截交线(续)

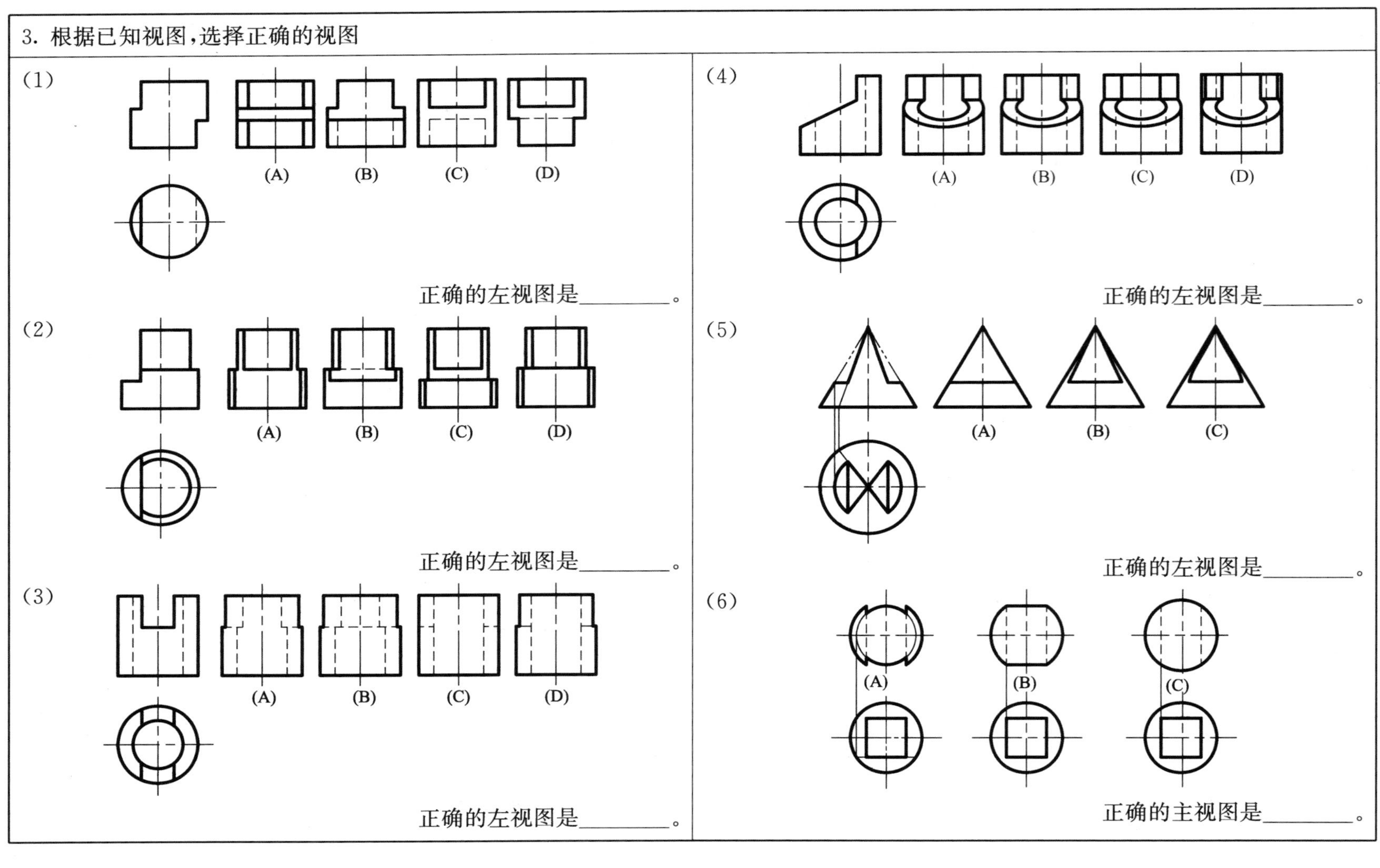

班级__________　　姓名__________　　学号__________

4. 分析回转体的截交线,完成三视图	
(1)	(2)
(3)	(4)

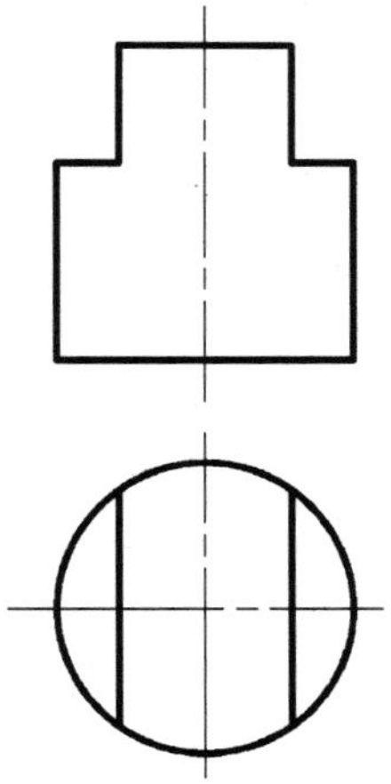

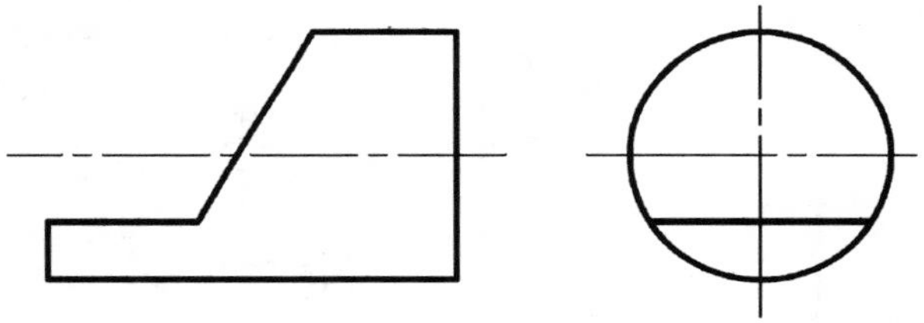

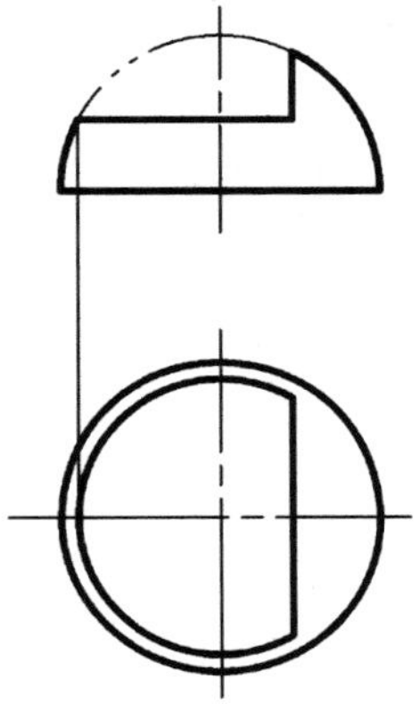

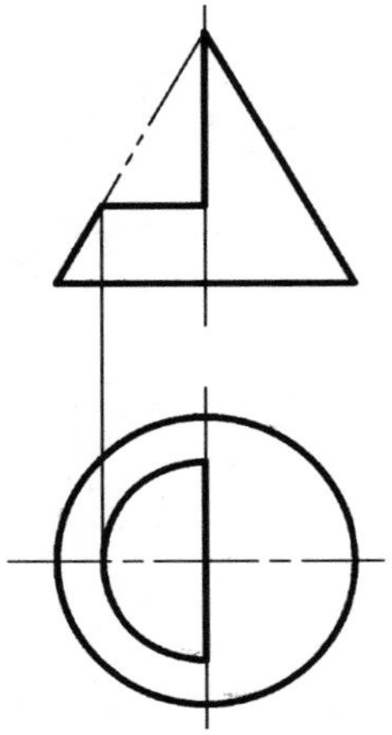

班级__________ 姓名__________ 学号__________

3-4 相贯线

1. 在三视图中用彩色笔描出相贯线的三面投影	2. 利用体表面求点的方法，求相贯线的投影
(1)	
(2)	3. 用简化画法求相贯线的投影

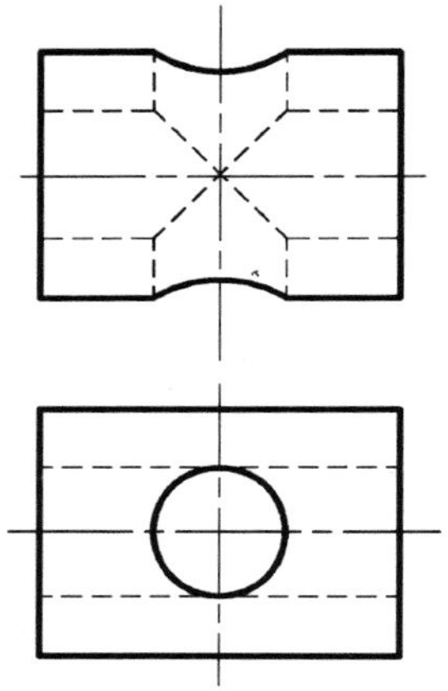

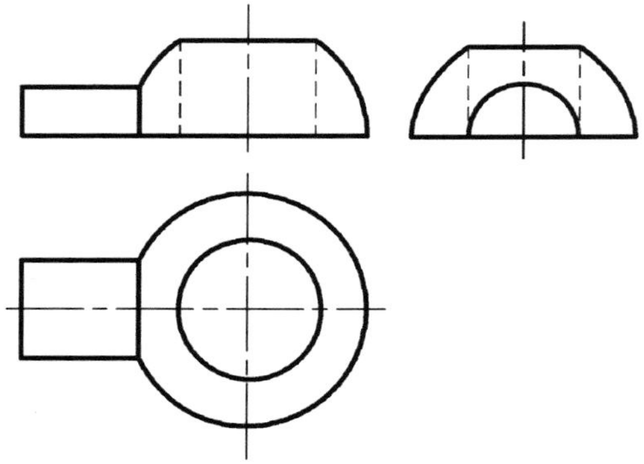

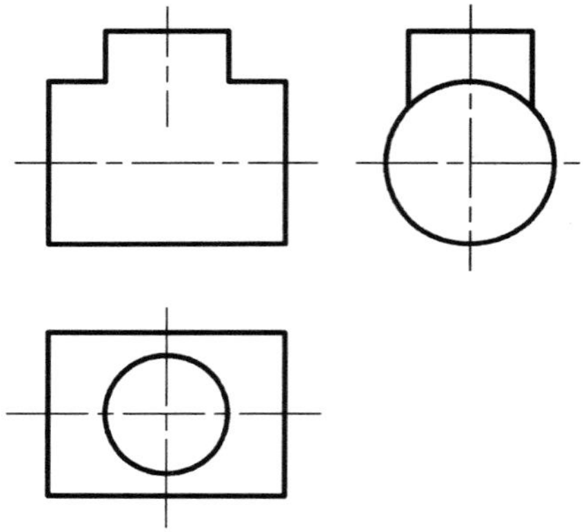

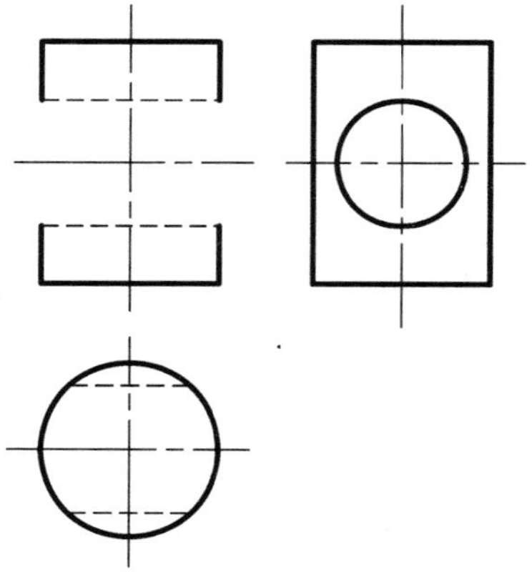

班级__________ 姓名__________ 学号__________

3-4 相贯线(续)

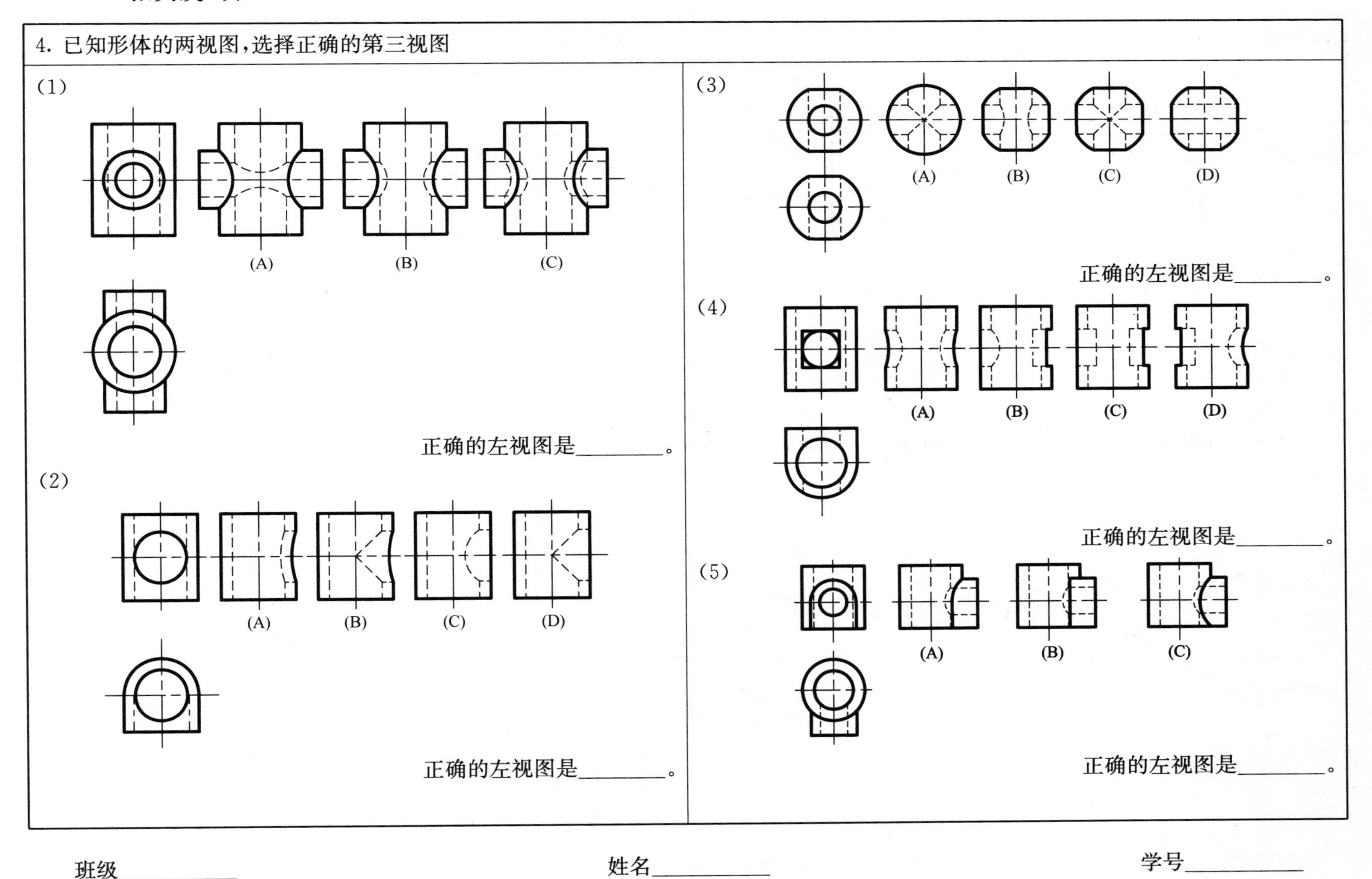

班级__________　　姓名__________　　学号__________

3-5　轴测图

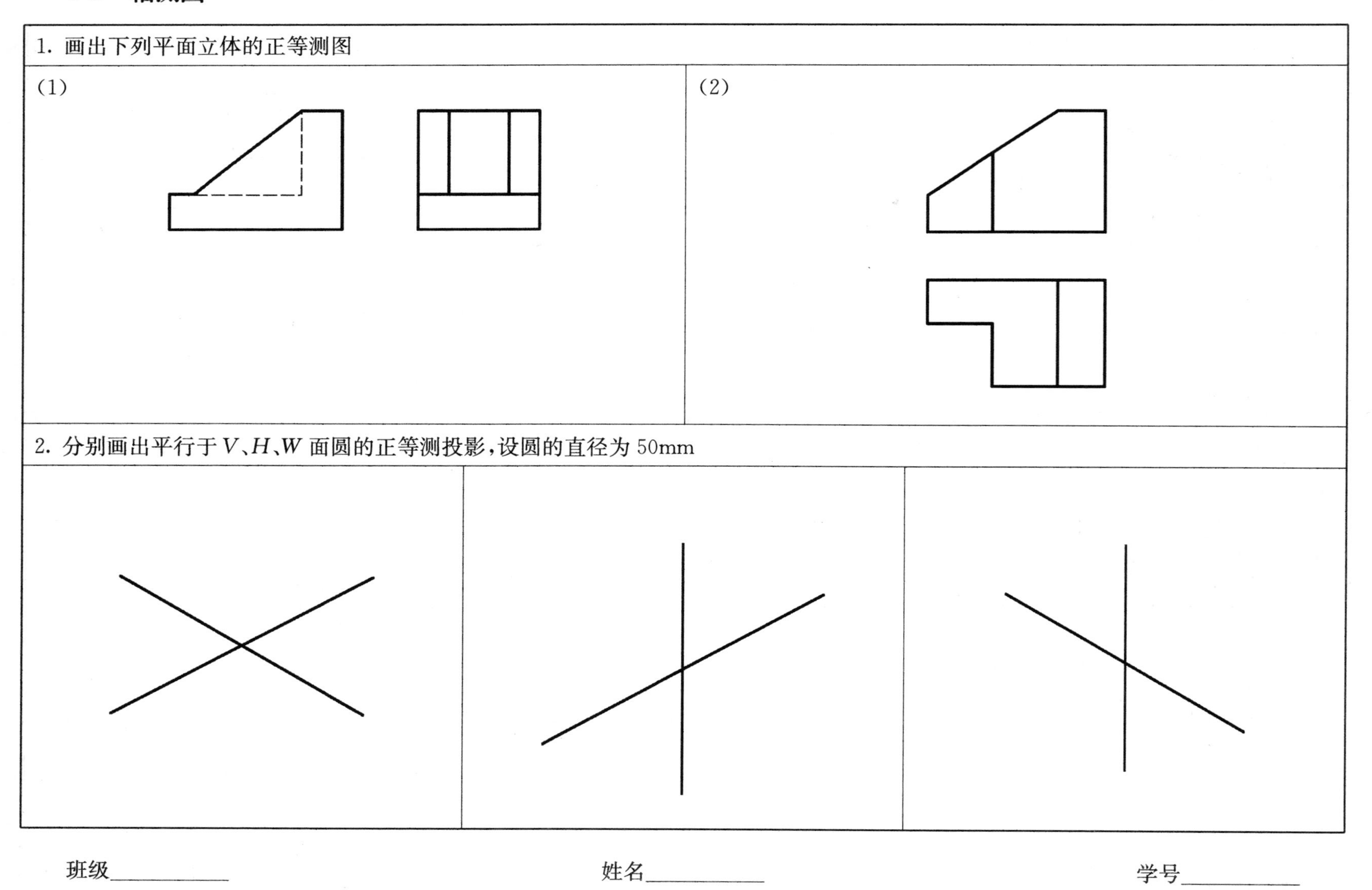

班级__________　　　　姓名__________　　　　学号__________

3. 画出下列立体的正等测图

(1)

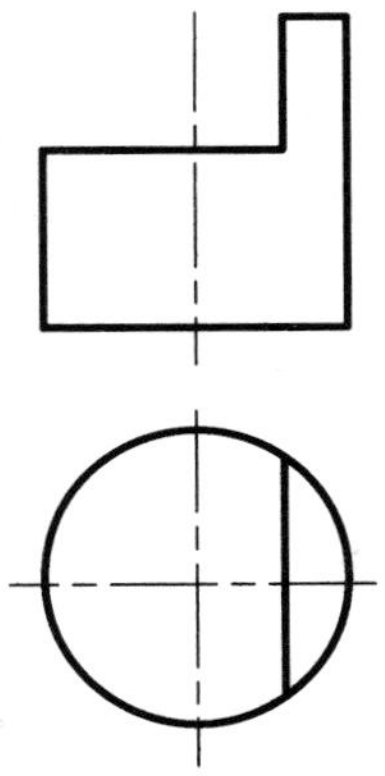

(2)

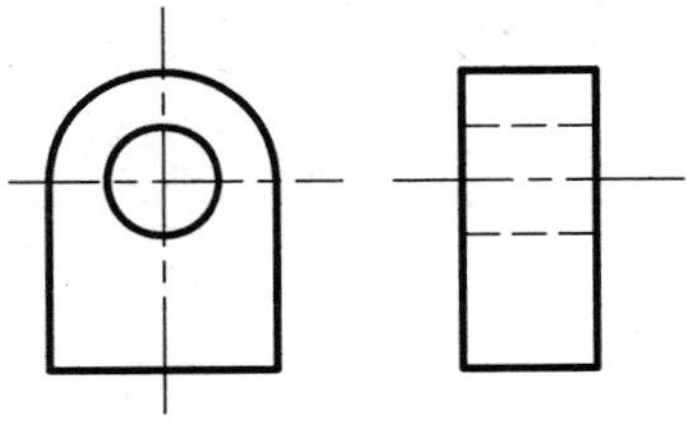

4. 画出下面形体的斜二测图

(1)

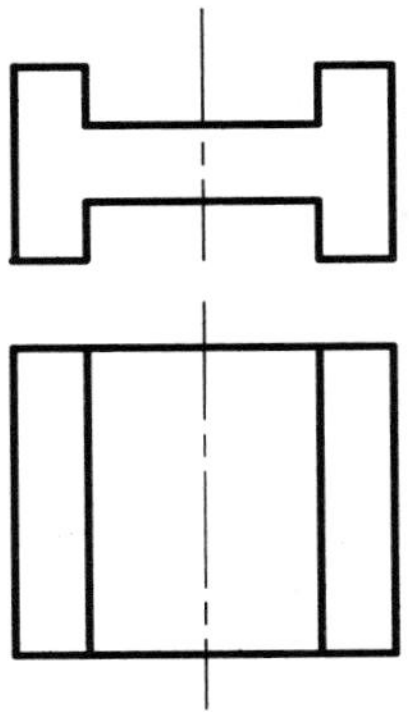

(2)

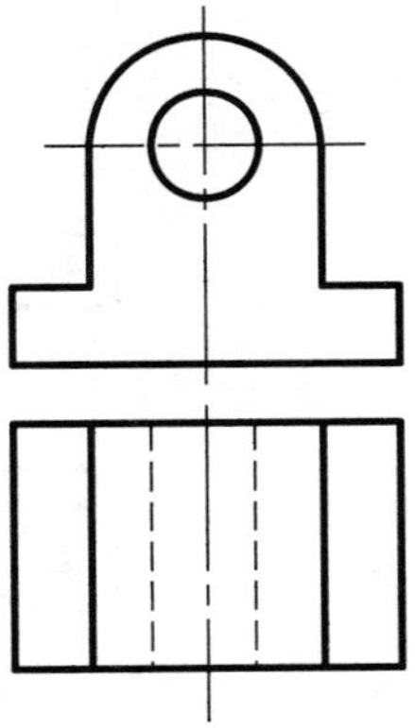

(冯刚利)

班级__________　　姓名__________　　学号__________

第四章　组　合　体

4-1　组合体的形体分析

根据所给视图，想象物体的形状，补画出主视图中的漏线

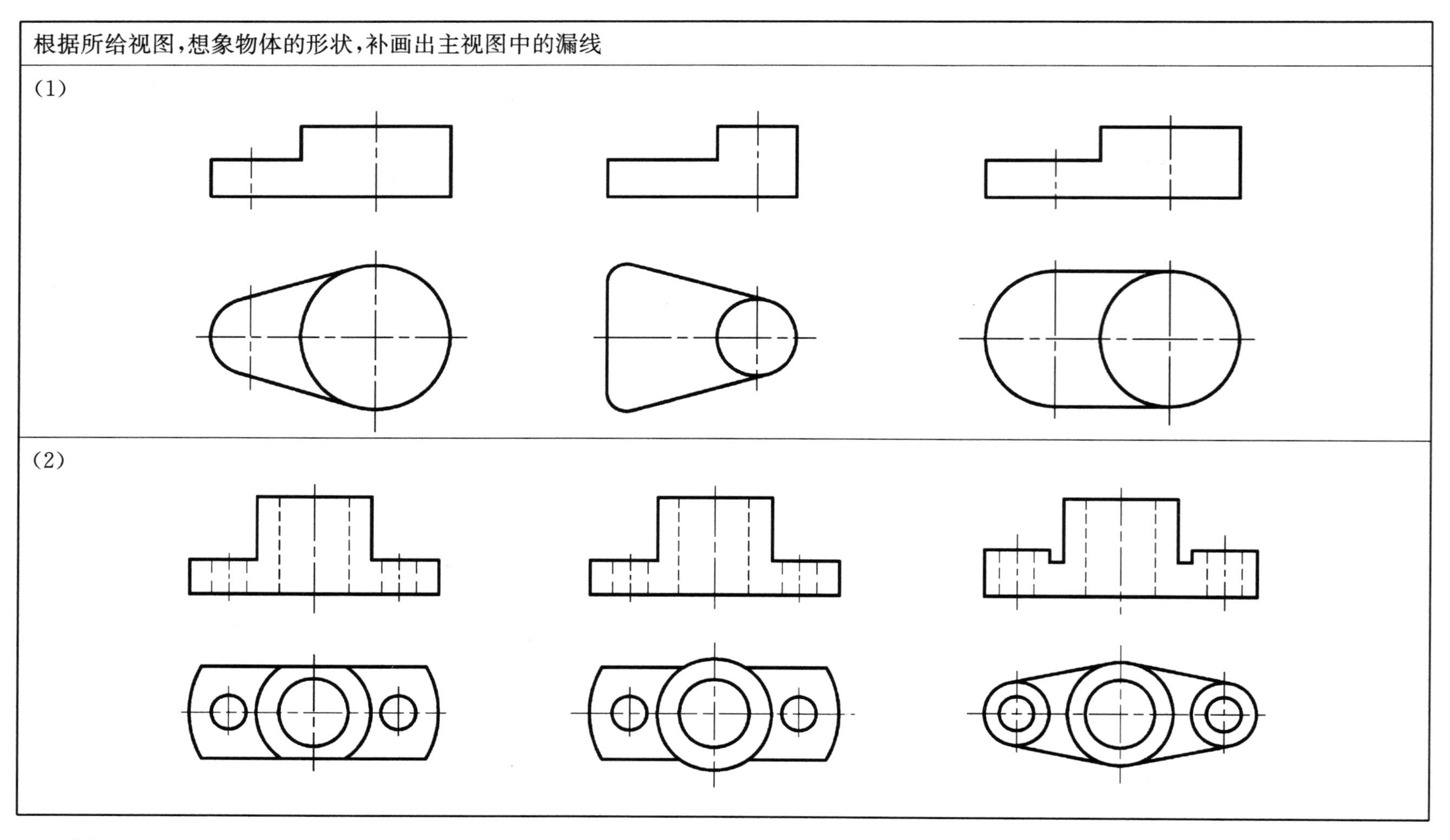

班级__________　　　　　　姓名__________　　　　　　学号__________

4-2　画组合体三视图

根据轴测图，按 1∶1 的比例绘制三视图

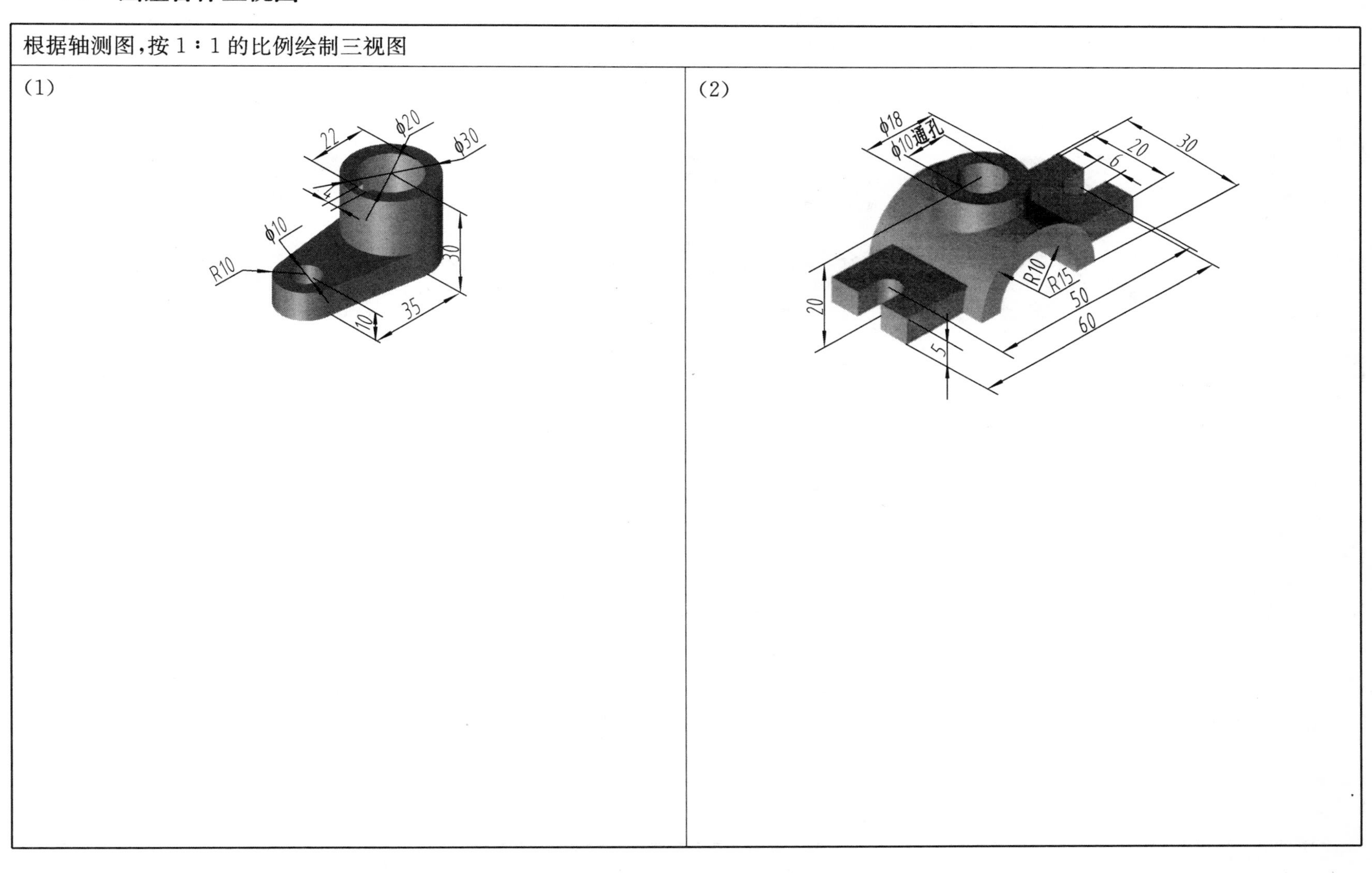

班级__________　　姓名__________　　学号__________

4-2 画组合体三视图(续)

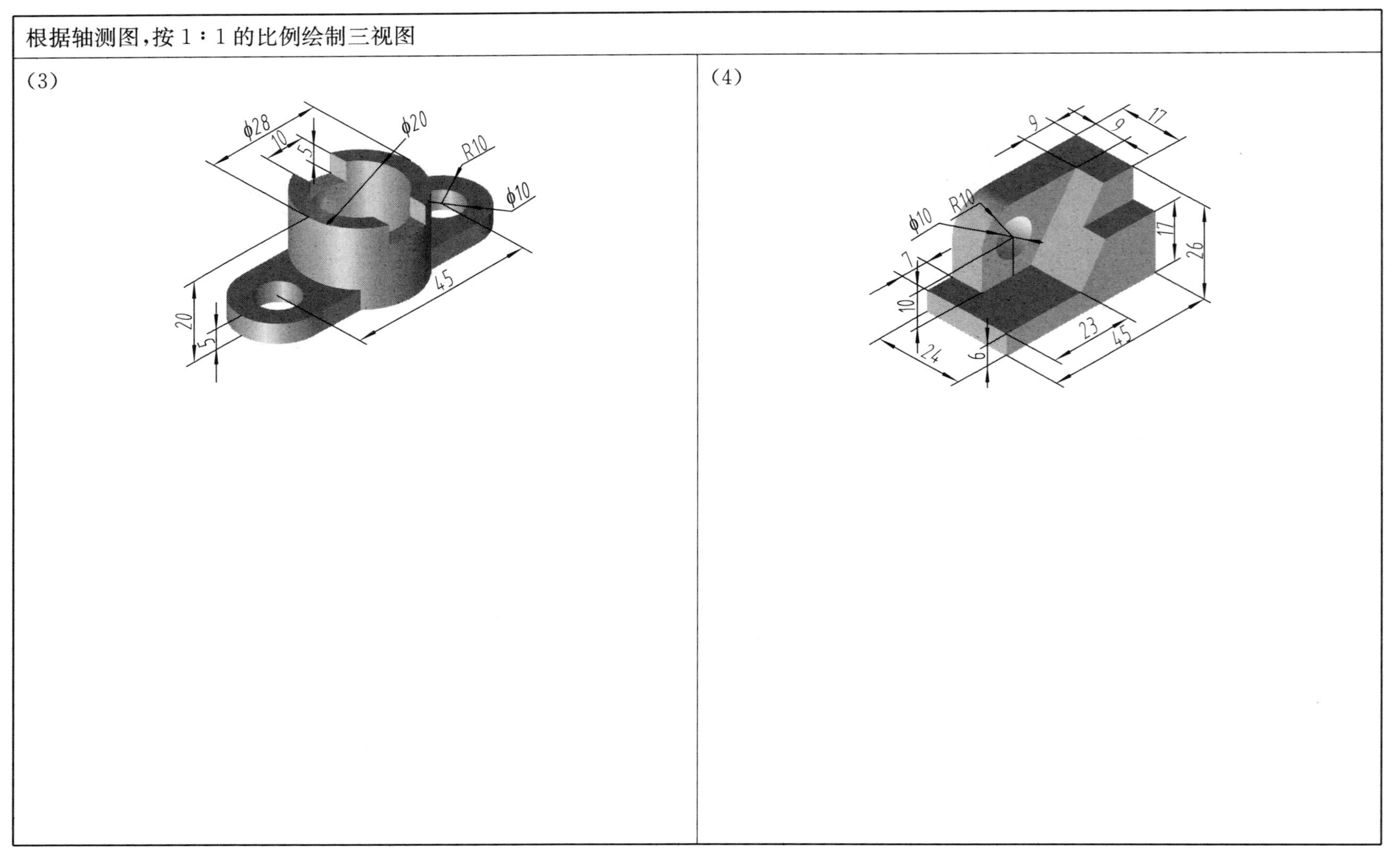

班级__________ 姓名__________ 学号__________

4-3　组合体的尺寸标注

1. 标注组合体的尺寸（尺寸大小从图上量取，取整数）

(1)

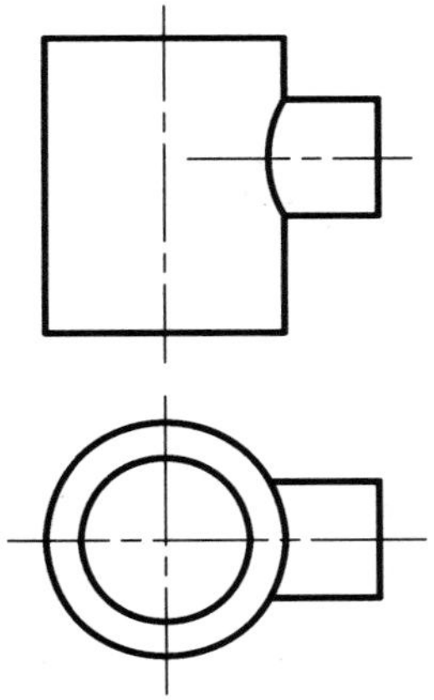

(2)

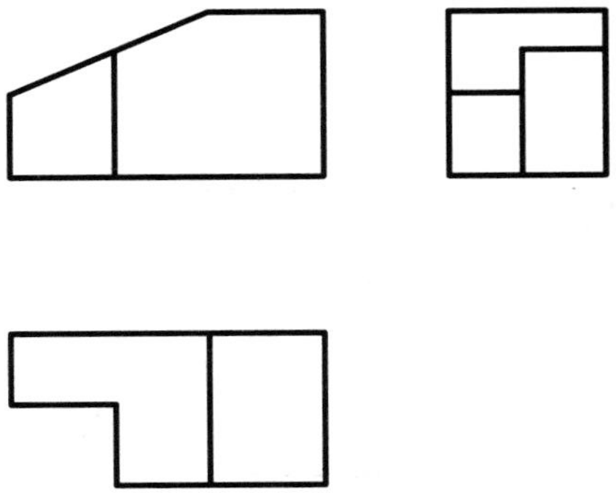

(3)

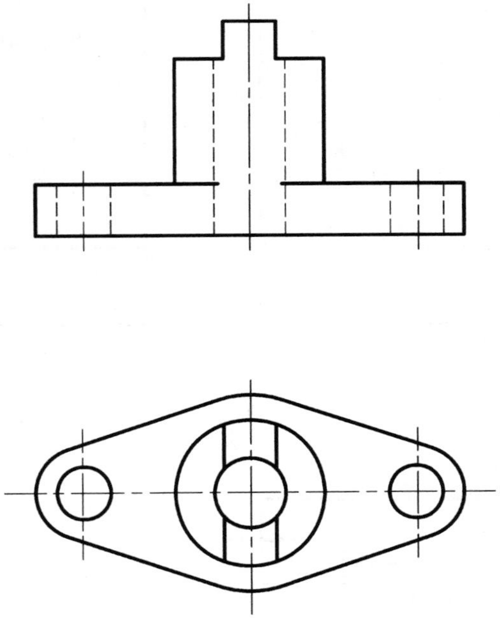

班级__________　　姓名__________　　学号__________

4-3 组合体的尺寸标注(续)

1. 标注组合体的尺寸(尺寸大小从图上量取,取整数)

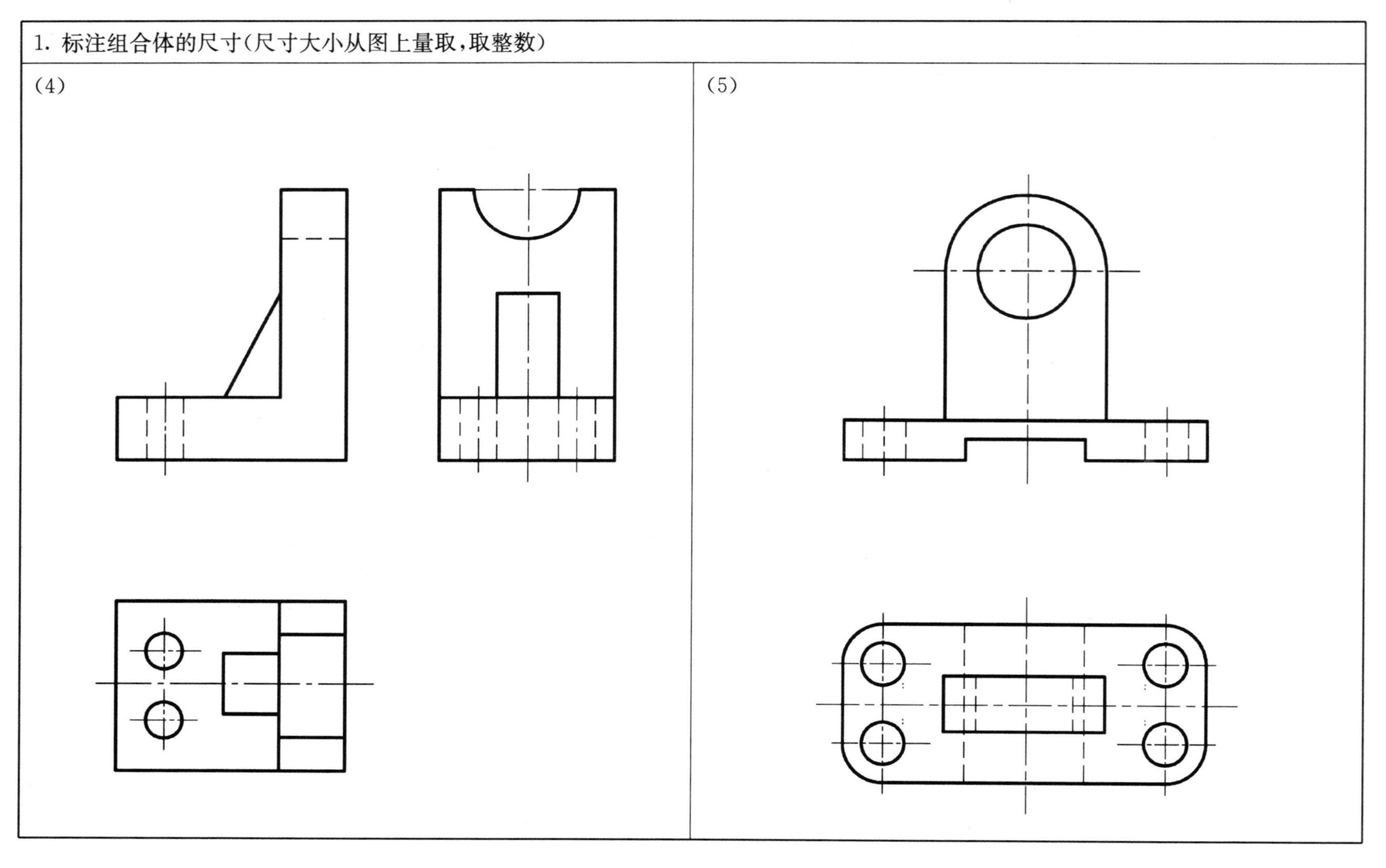

班级__________ 姓名__________ 学号__________

4-3 组合体的尺寸标注(续)

2. 指出视图中重复或多余的尺寸(打×),并标注遗漏的尺寸(不标注数字)

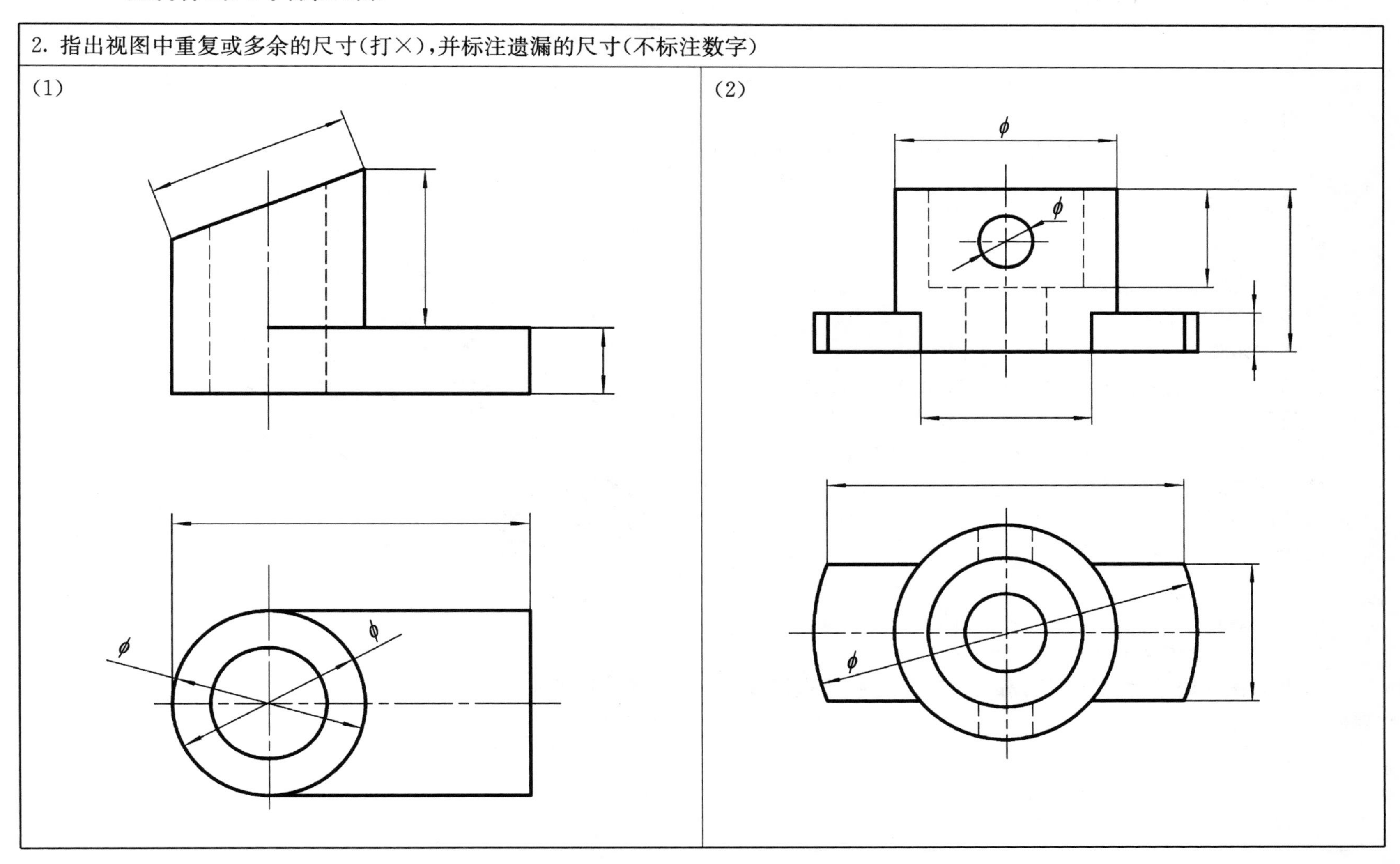

班级__________ 姓名__________ 学号__________

4-4 综合练习:画组合体三视图并标注尺寸

作业指导

1. 作业目的

(1)初步掌握由轴测图画组合体三视图的方法,提高绘图技能。

(2)练习组合体的尺寸标注。

2. 内容与要求

(1)根据轴测图画三视图,并标注尺寸。

(2)图幅、比例自定。

3. 作图步骤

(1)形体分析,搞清各部分的形状、相对位置、组合形式、表面连接关系。

(2)选主视图,主视图应最明显地表达形体的形状特征。

(3)布置视图位置,画底稿。

(4)检查底稿,描深。

(5)标注尺寸,填写标题栏。

4. 注意事项

(1)布置视图时,要注意留有标注尺寸的位置。

(2)标注尺寸时应做到正确、完整、清晰。

(3)保证图面质量,线型、字体、箭头要符合要求,多余图线要擦去。

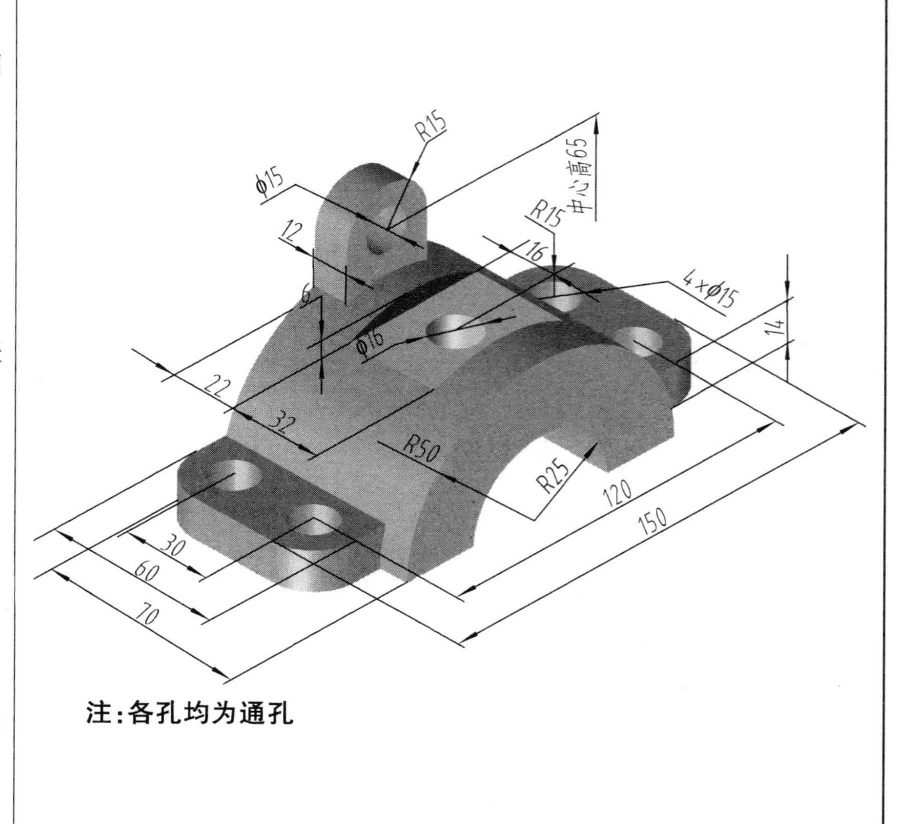

注:各孔均为通孔

班级______ 姓名______ 学号______

4-5　组合体视图的识读

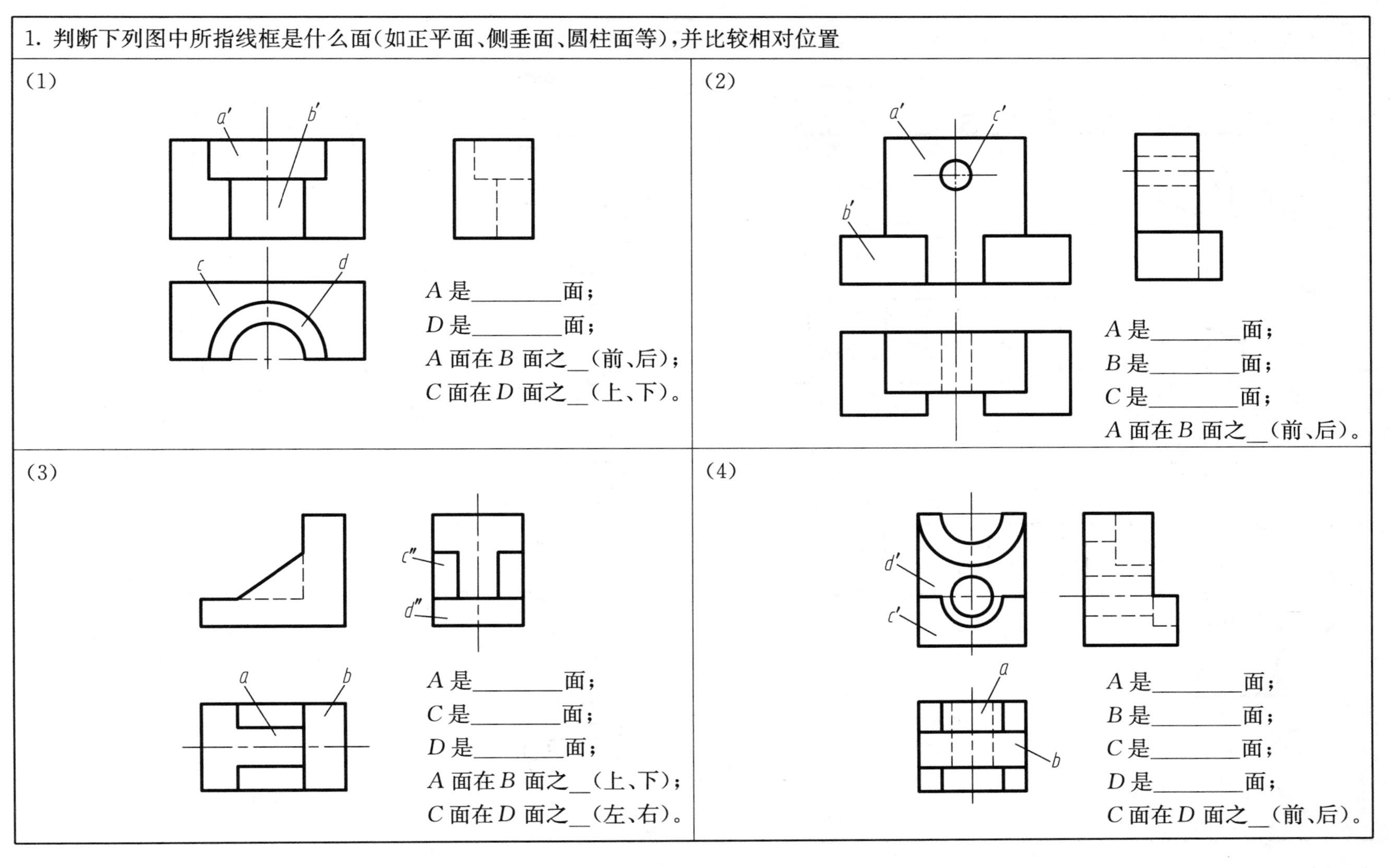

班级__________　　　　姓名__________　　　　学号__________

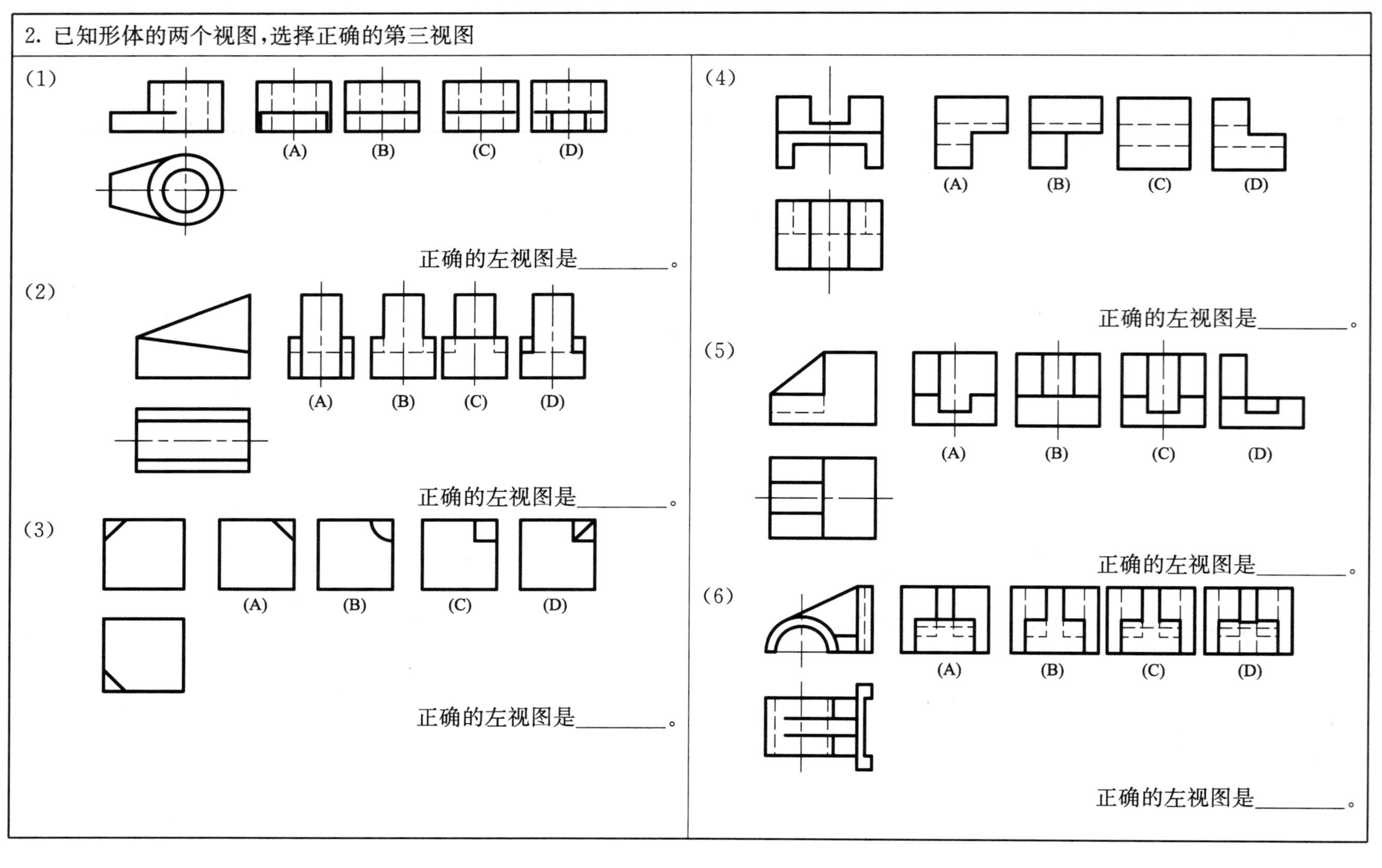
2. 已知形体的两个视图,选择正确的第三视图
(1)
(A)
(B)
(C)
(D)
正确的左视图是________。
(2)
(A)
(B)
(C)
(D)
正确的左视图是________。
(3)
(A)
(B)
(C)
(D)
正确的左视图是________。
(4)
(A)
(B)
(C)
(D)
正确的左视图是________。
(5)
(A)
(B)
(C)
(D)
正确的左视图是________。
(6)
(A)
(B)
(C)
(D)
正确的左视图是________。

班级__________ 姓名__________ 学号__________

4-5 组合体视图的识读(续)

3. 补全视图中所缺的图线

(1)

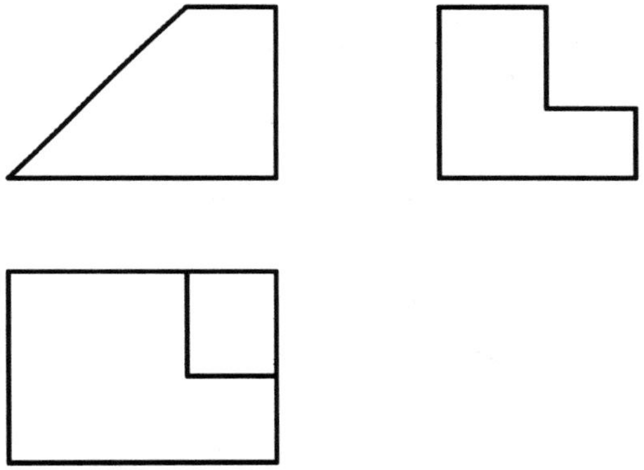

(2)

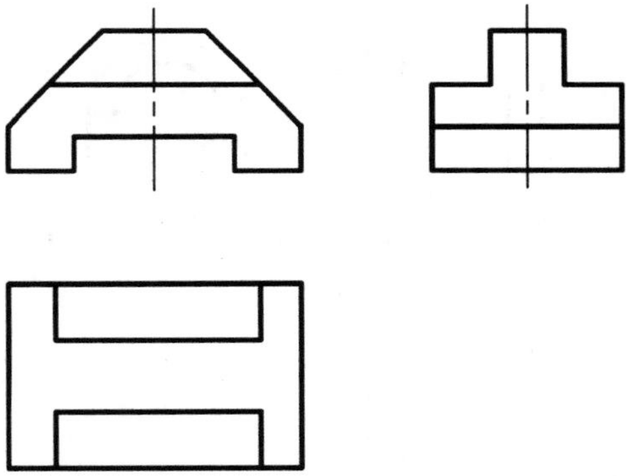

(3)

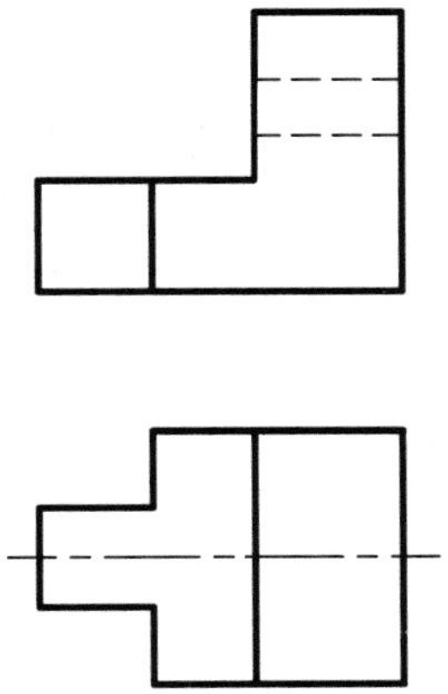

(4)

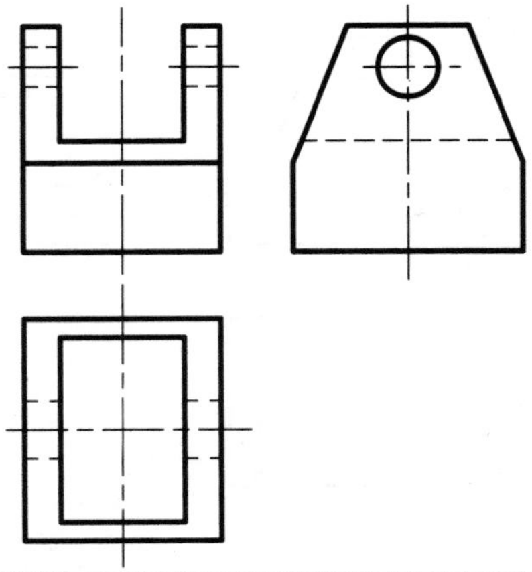

班级__________ 姓名__________ 学号__________

4-5　组合体视图的识读(续)

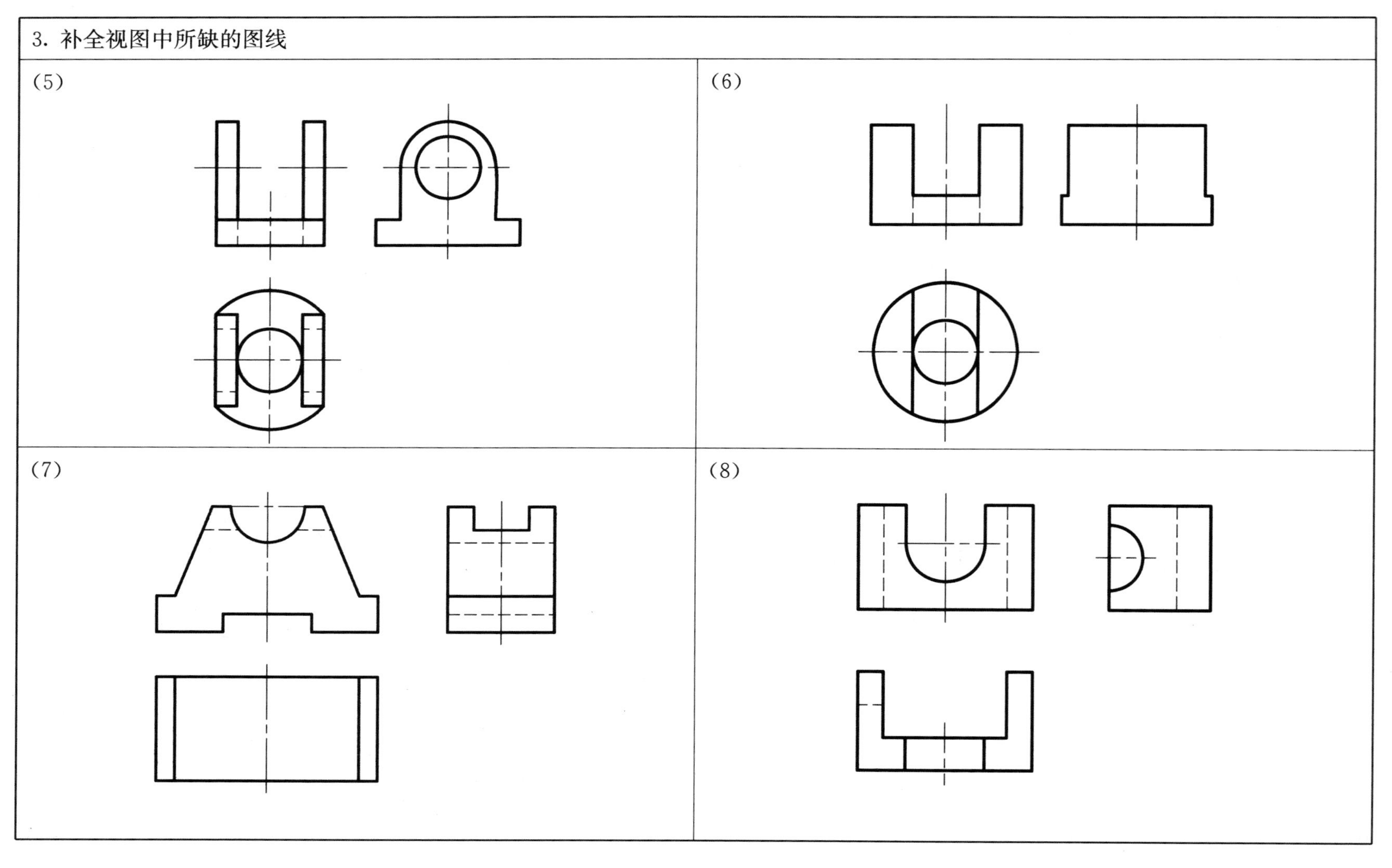

班级__________　　　　姓名__________　　　　学号__________

4-5　组合体视图的识读(续)

4. 由两视图补画第三视图

(1)

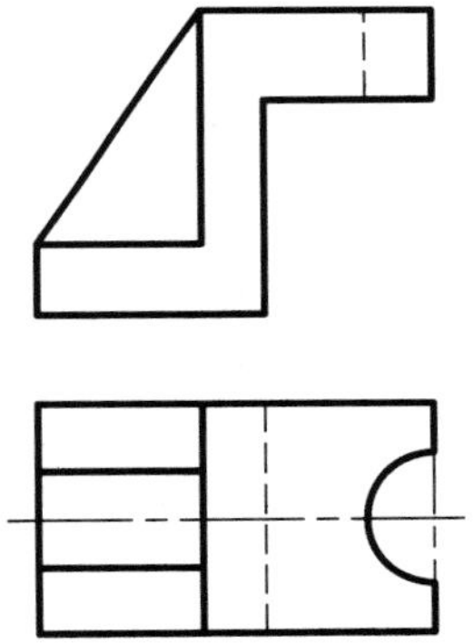

(2)

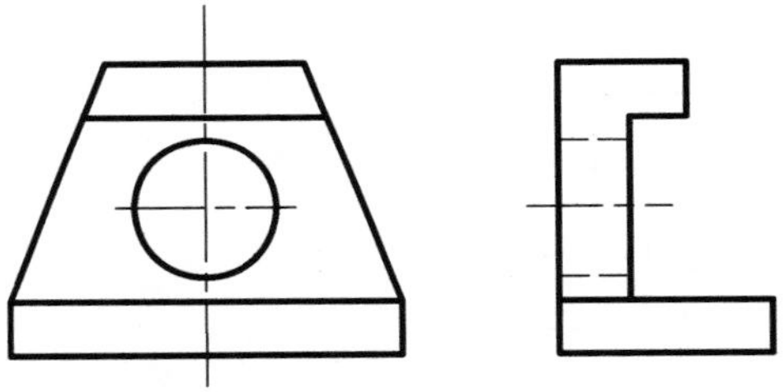

(3)

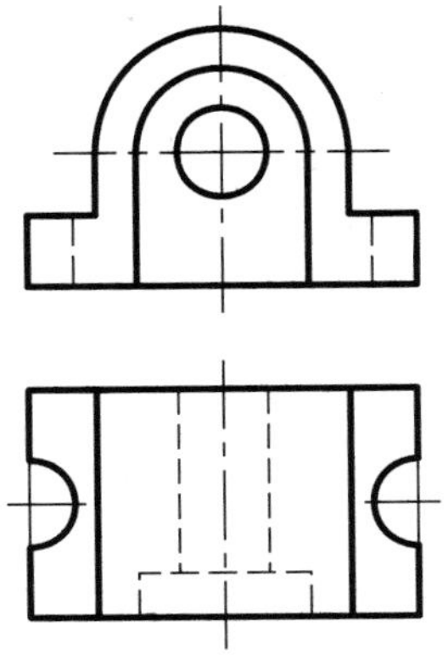

(4)

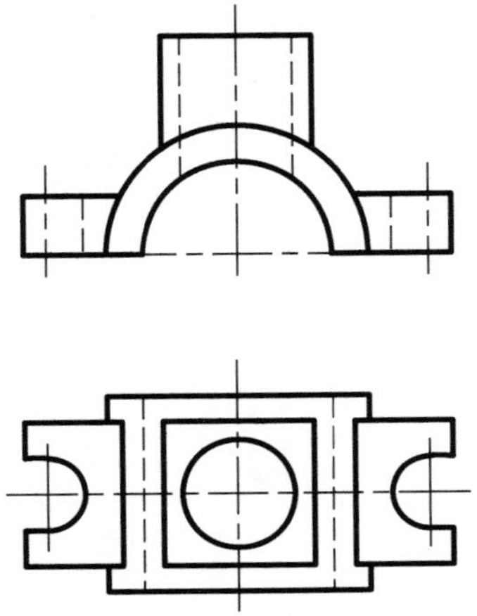

班级____________　　姓名____________　　学号____________

4-5 组合体视图的识读(续)

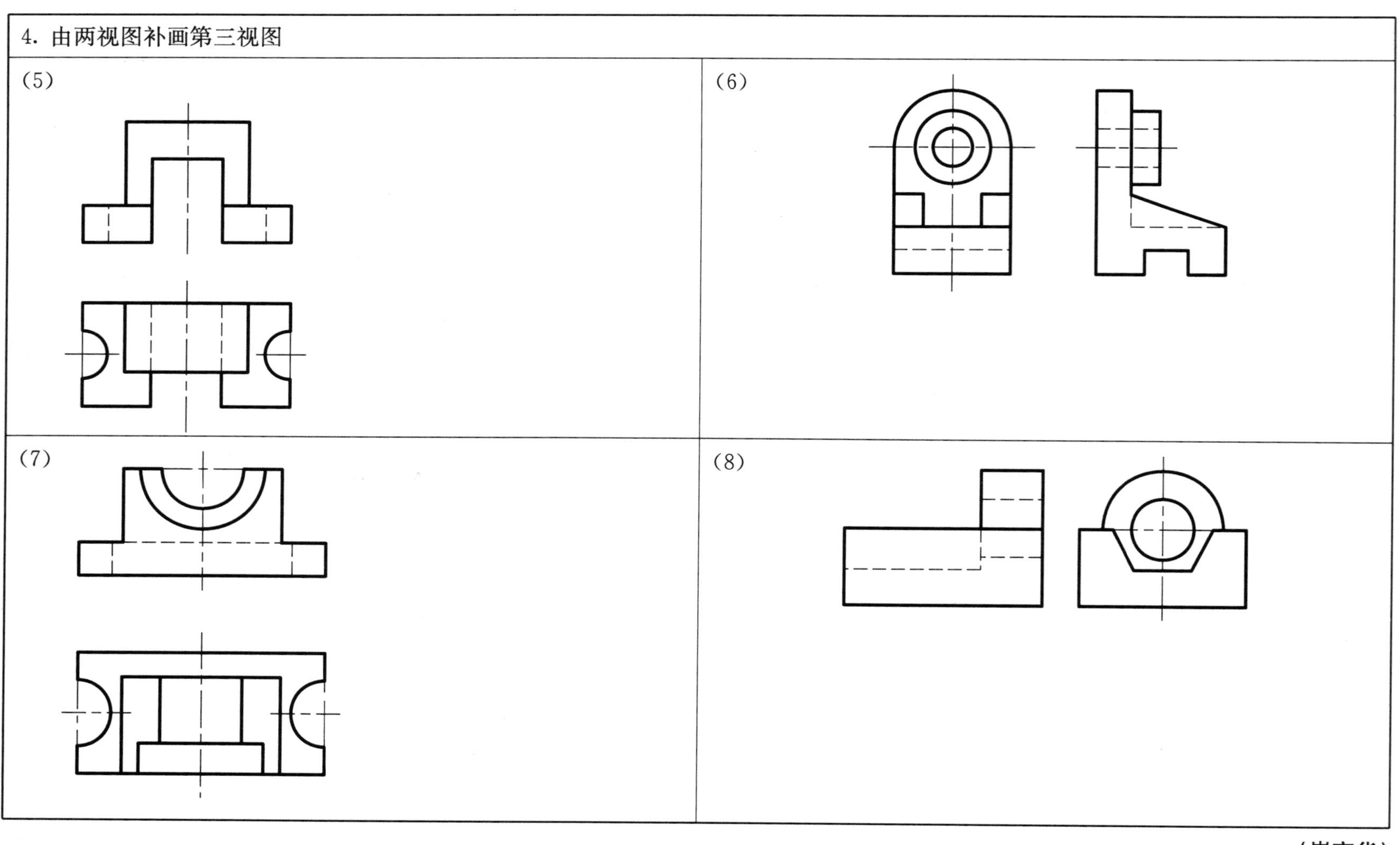

(崔京华)

班级__________ 姓名__________ 学号__________

第五章　机件的表达方法

5-1　基本视图和向视图

1. 根据主、俯、左视图，画出形体的右、仰视图

2. 找出右、后、仰三视图，并按向视图的规定标注

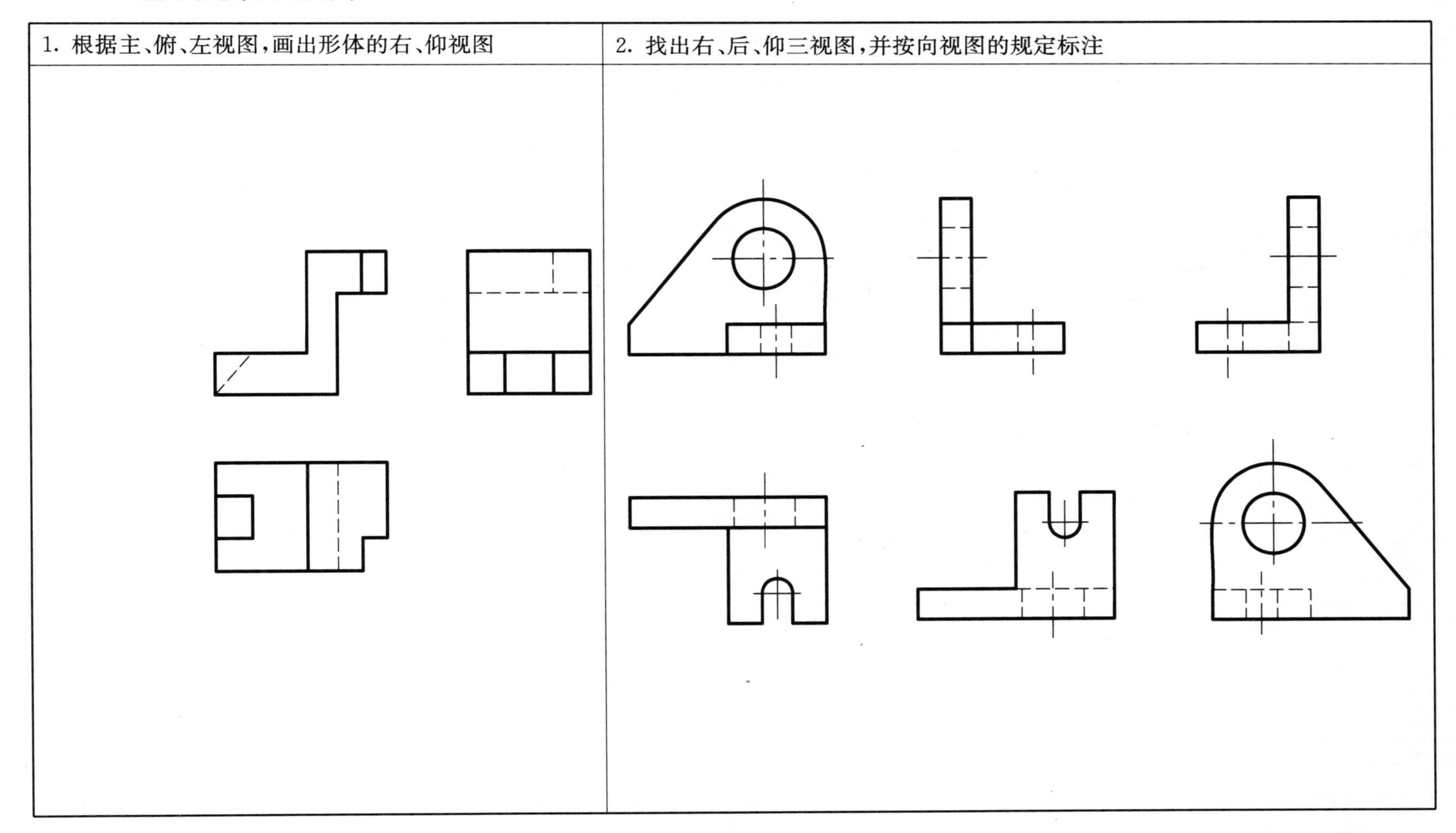

班级__________　　姓名__________　　学号__________

5-2 局部视图和斜视图

按箭头所指画出局部视图和斜视图，并按规定标注

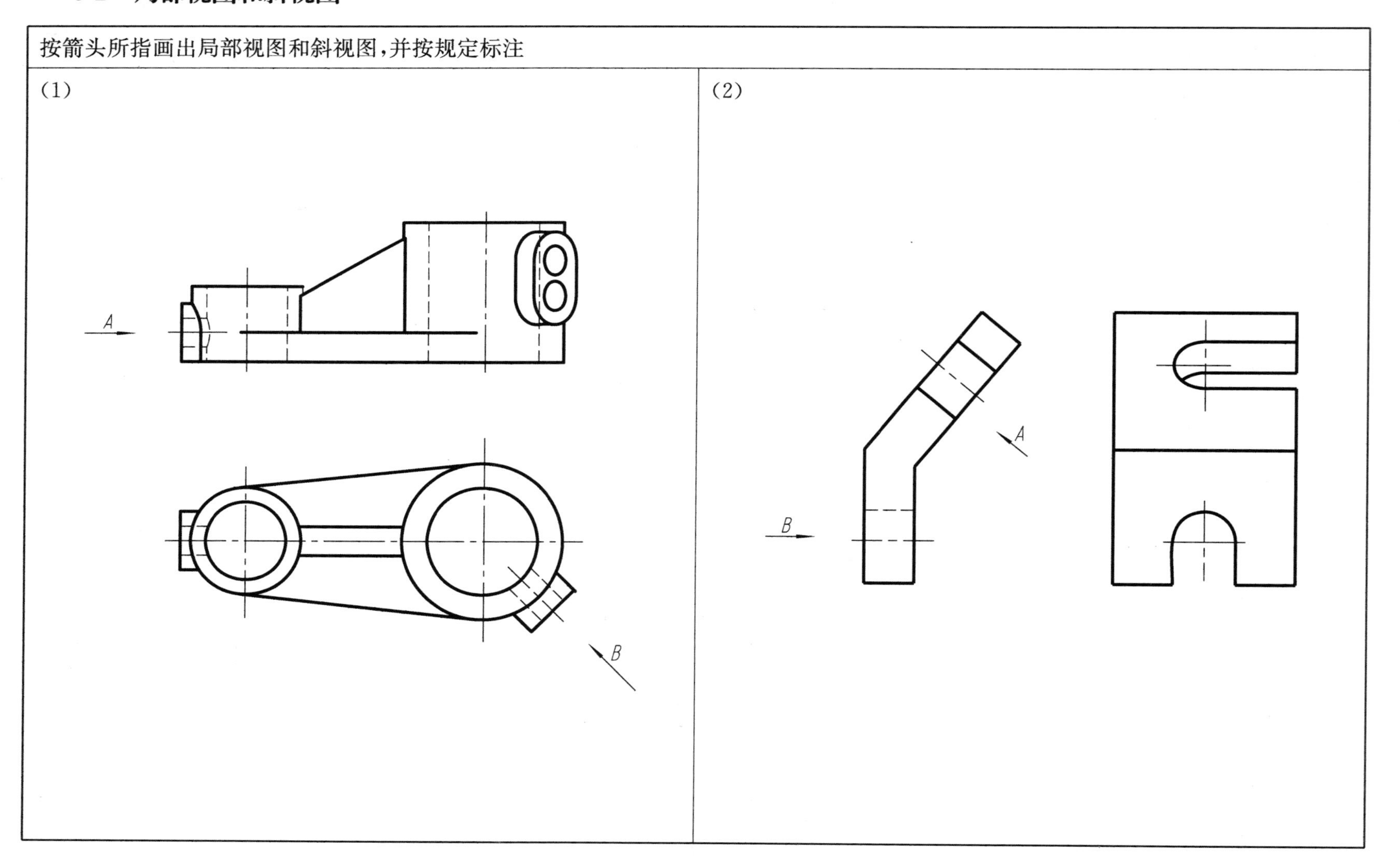

班级__________ 姓名__________ 学号__________

5-3 剖视图

1. 在剖视图中补画漏线

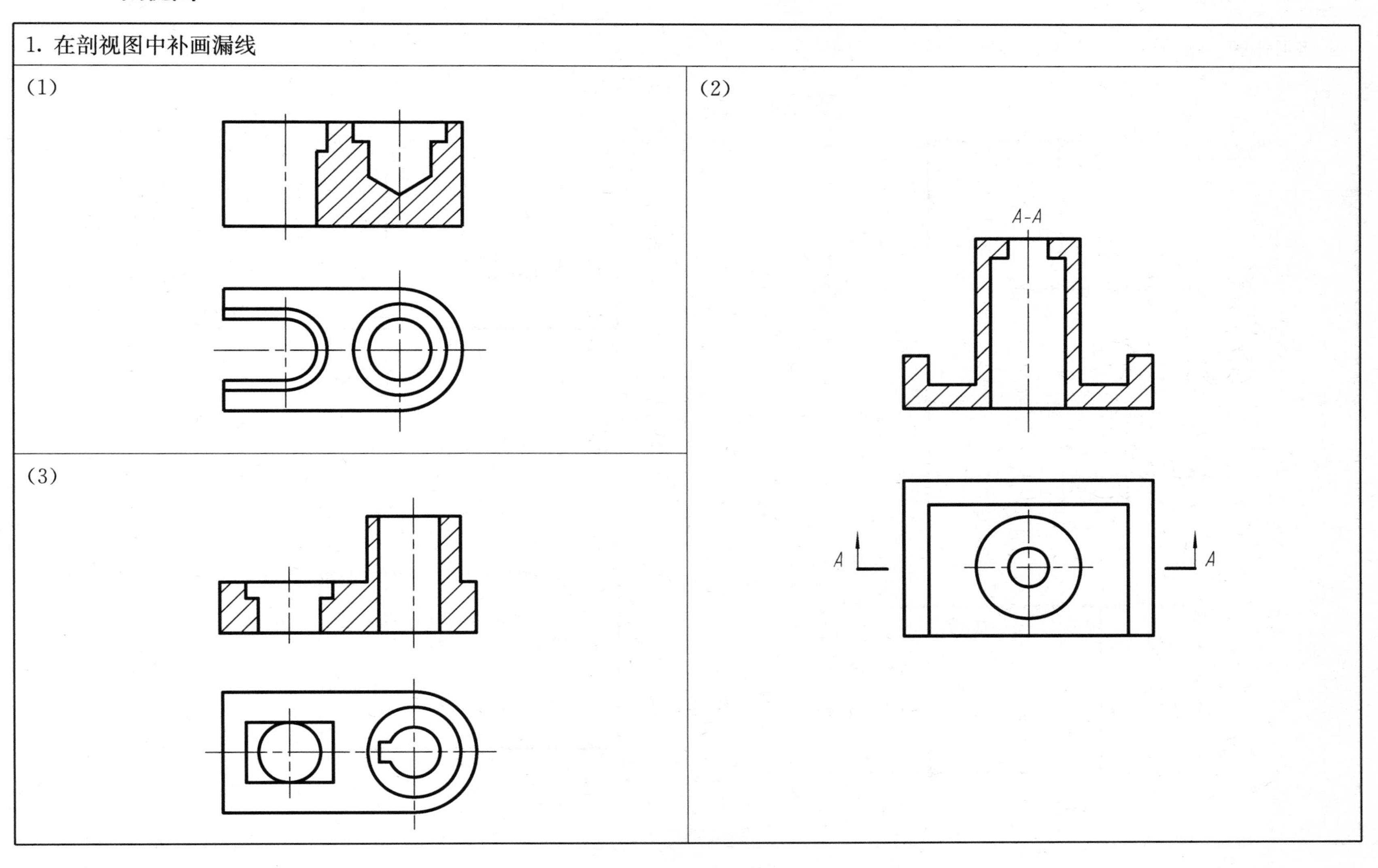

班级__________ 姓名__________ 学号__________

2. 将形体的主视图改画成剖视图,画在下面的线框内

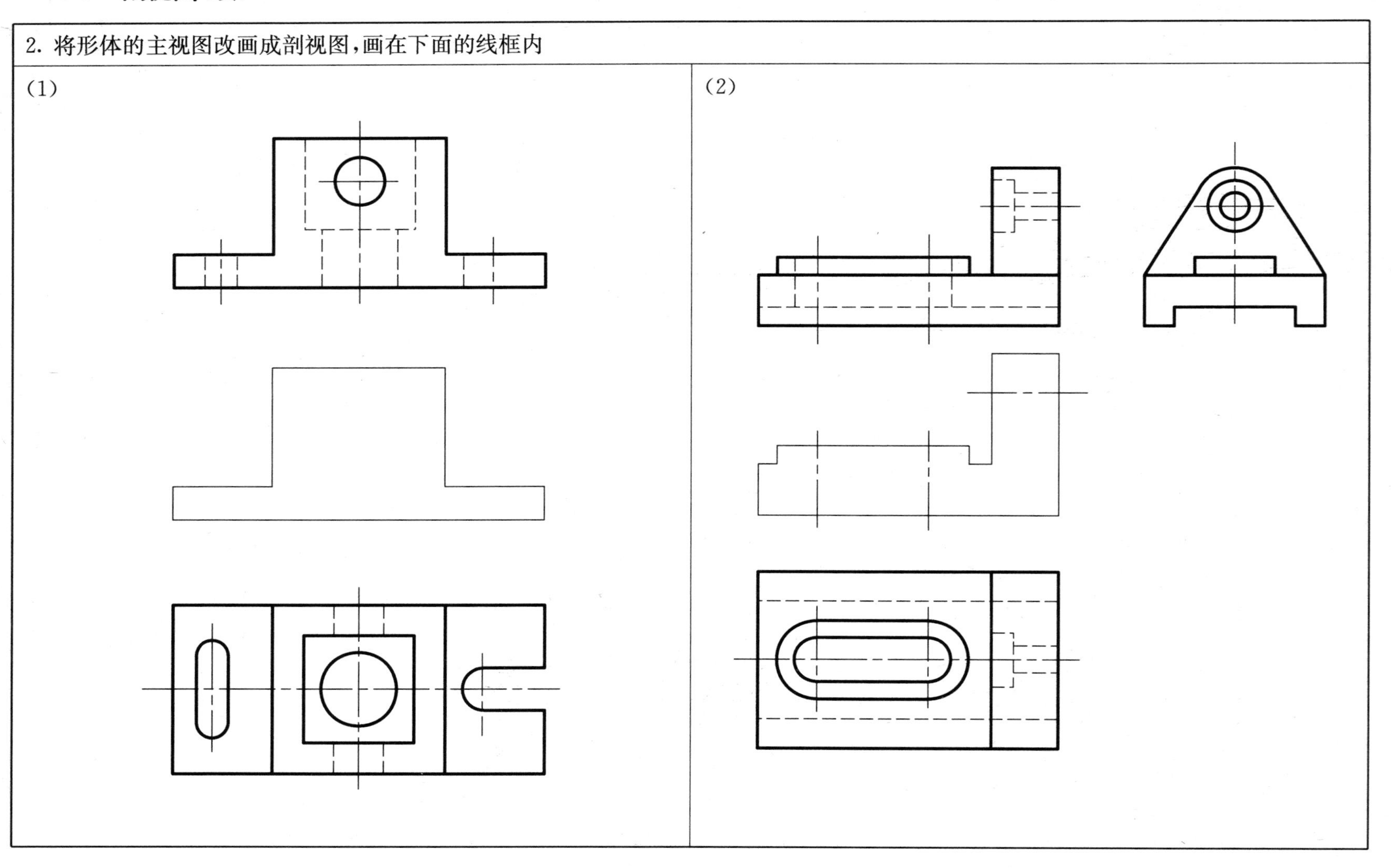

班级__________ 姓名__________ 学号__________

5-4　剖切面

1. 用单一剖切面作机件的 A-A 和 B-B 剖视图

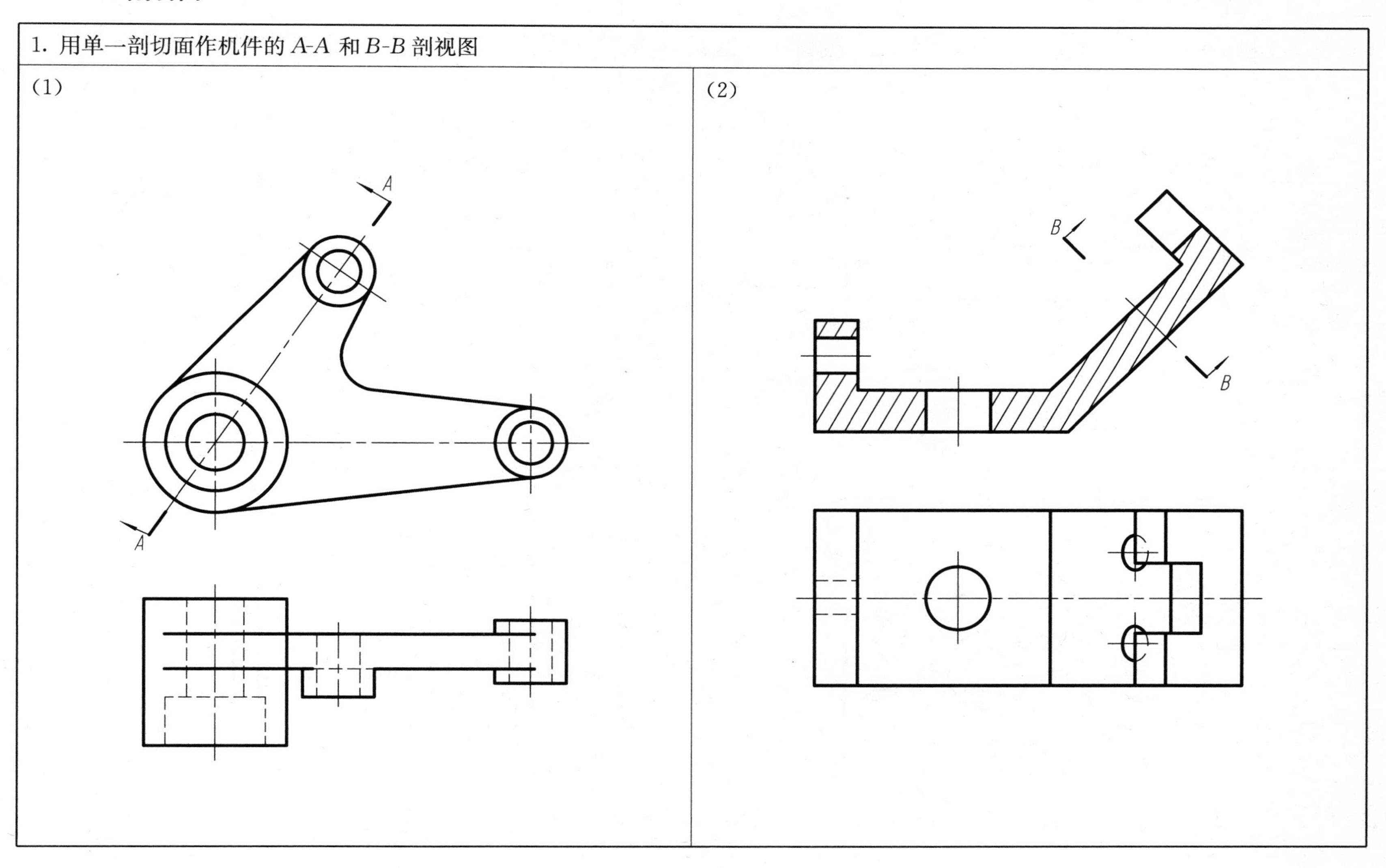

班级__________　　　　姓名__________　　　　学号__________

5-4 剖切面(续)

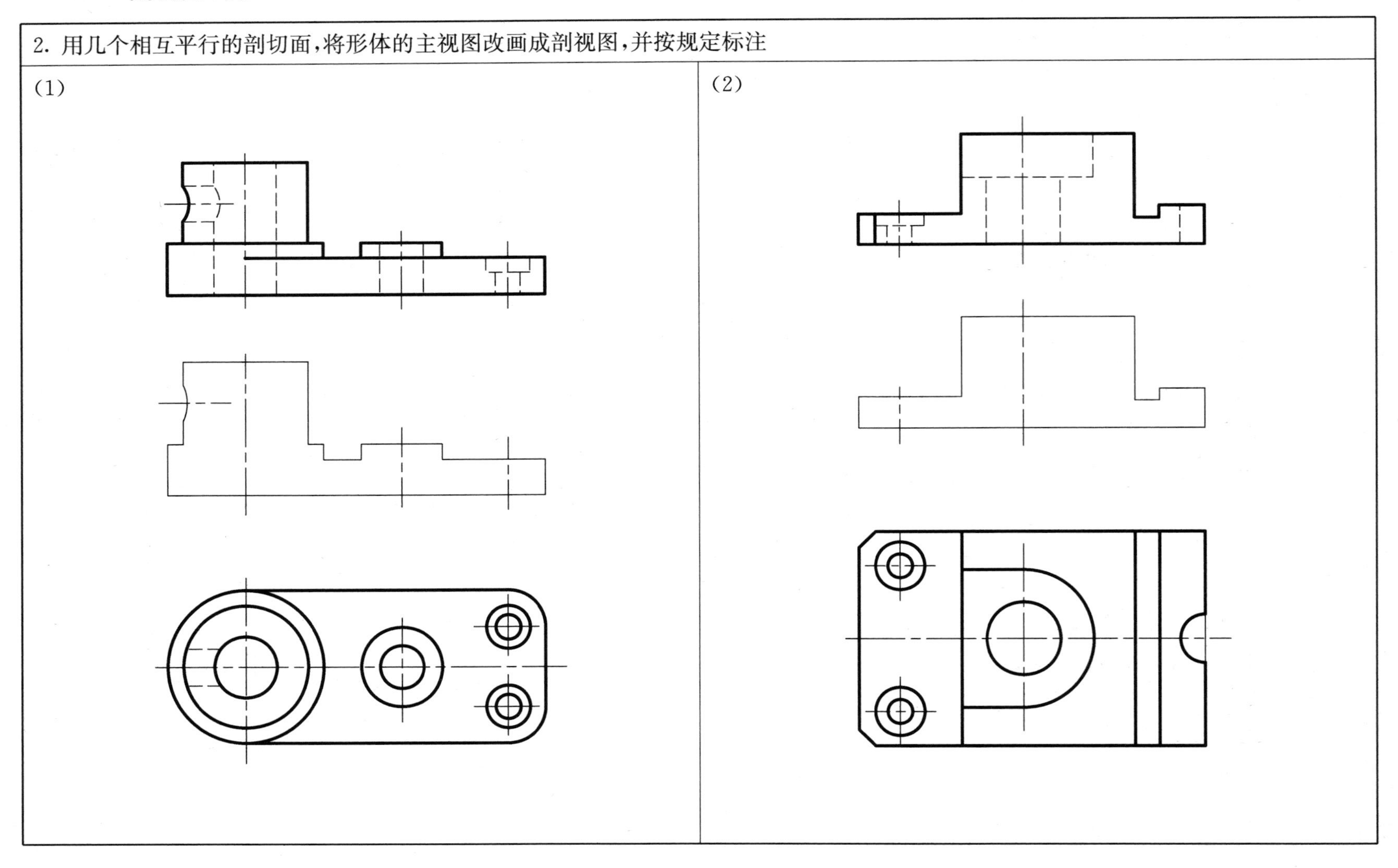

班级__________ 姓名__________ 学号__________

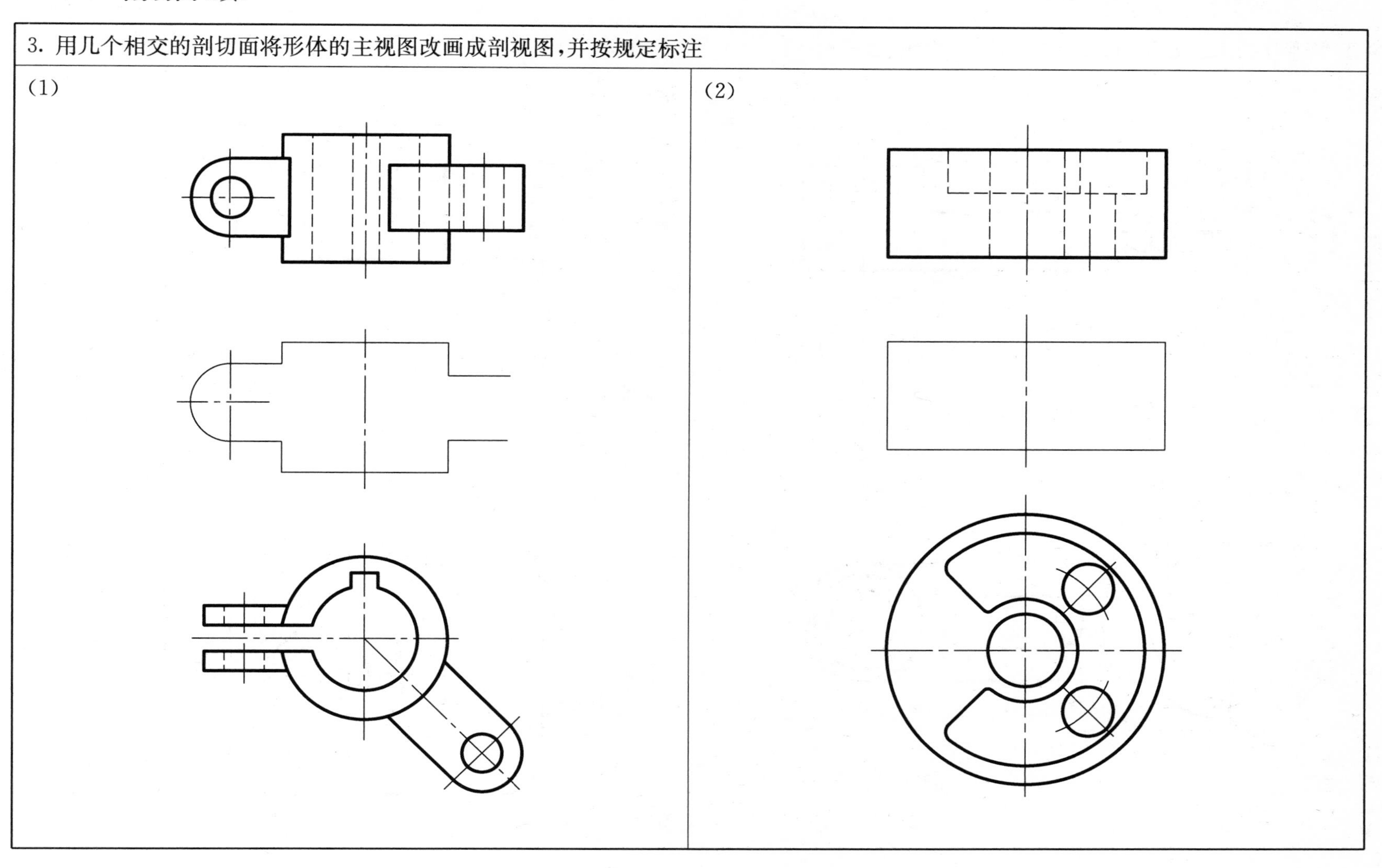

班级__________ 姓名__________ 学号__________

5-5　全剖、半剖、局部剖视图

1. 将形体的主视图改画成全剖视图，画在下面的线框内

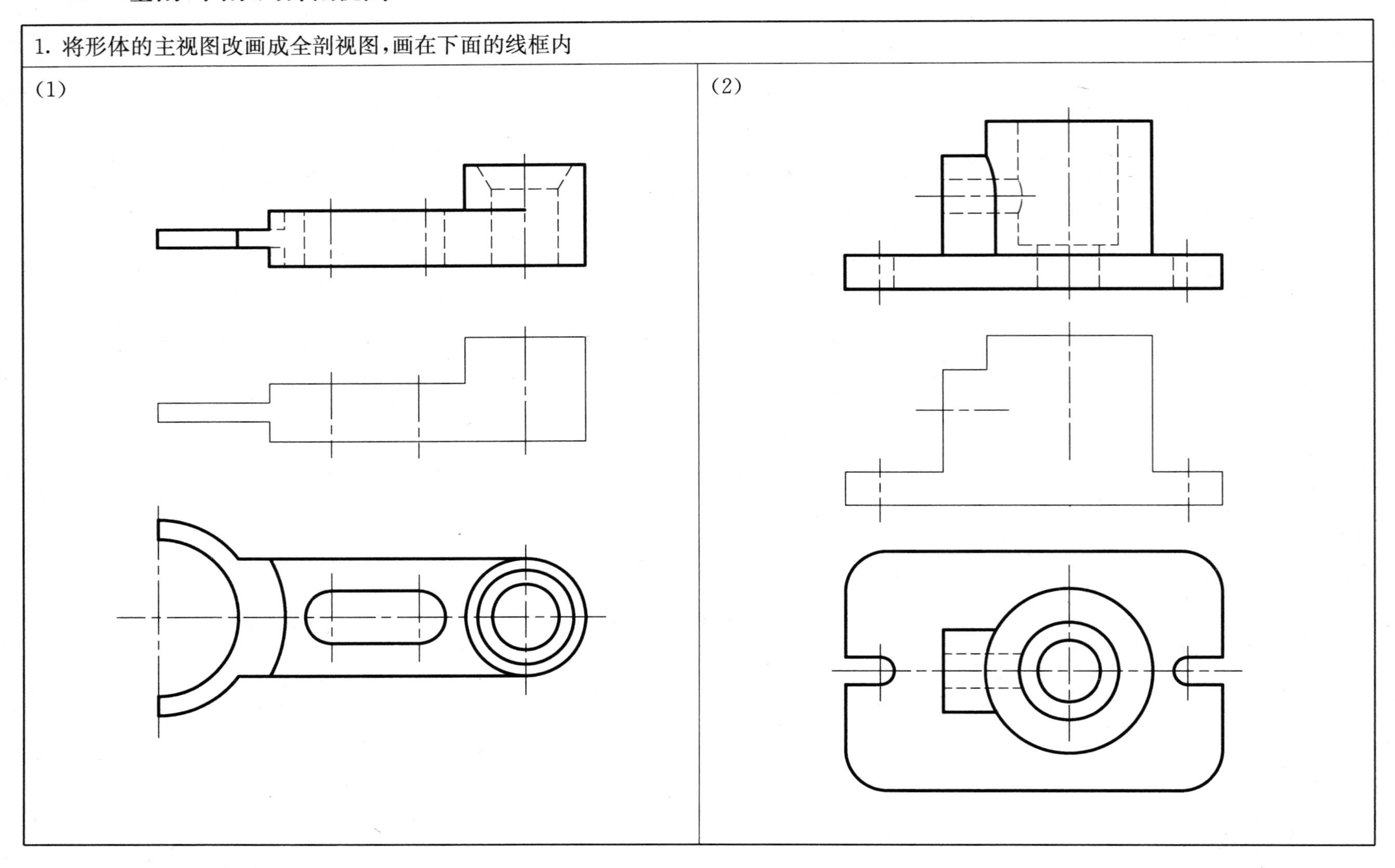

班级＿＿＿＿＿＿　　　　姓名＿＿＿＿＿＿　　　　学号＿＿＿＿＿＿

5-5　全剖、半剖、局部剖视图(续)

2. 将主视图改画为半剖视图

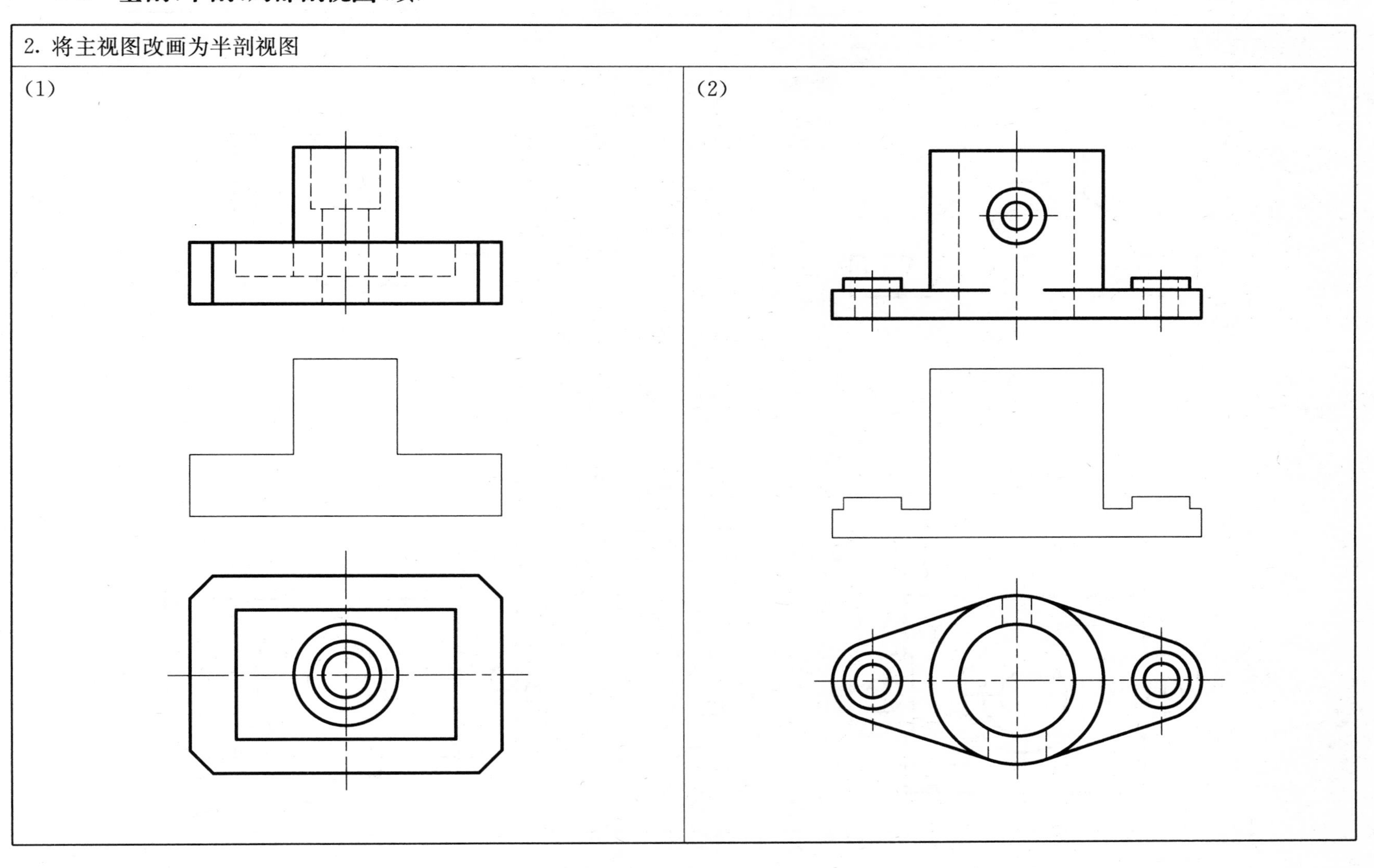

班级__________　　　　　　　　姓名__________　　　　　　　　学号__________

5-5　全剖、半剖、局部剖视图(续)

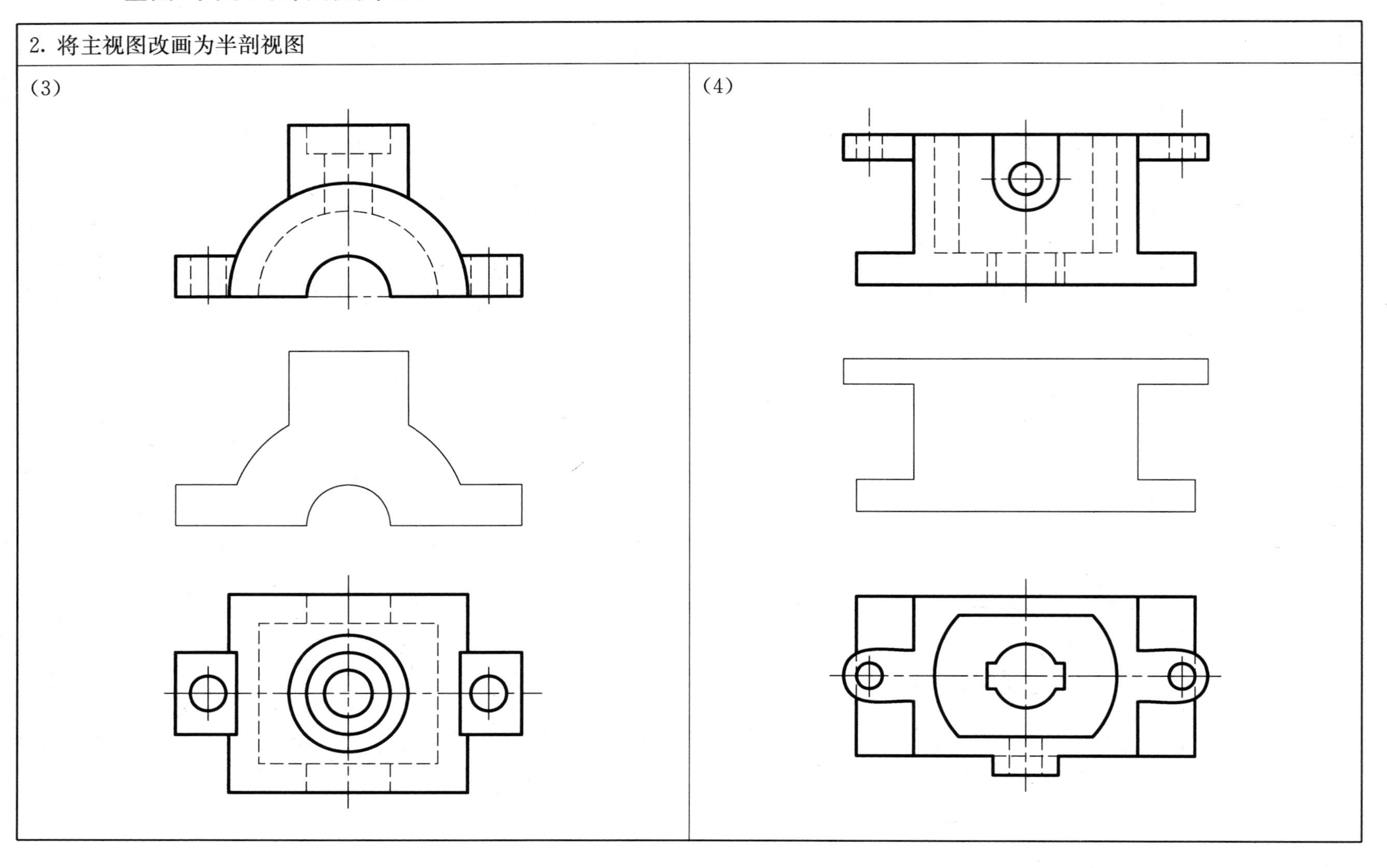

班级__________　　　　　　　　　　姓名__________　　　　　　　　　　学号__________

5-5 全剖、半剖、局部剖视图(续)

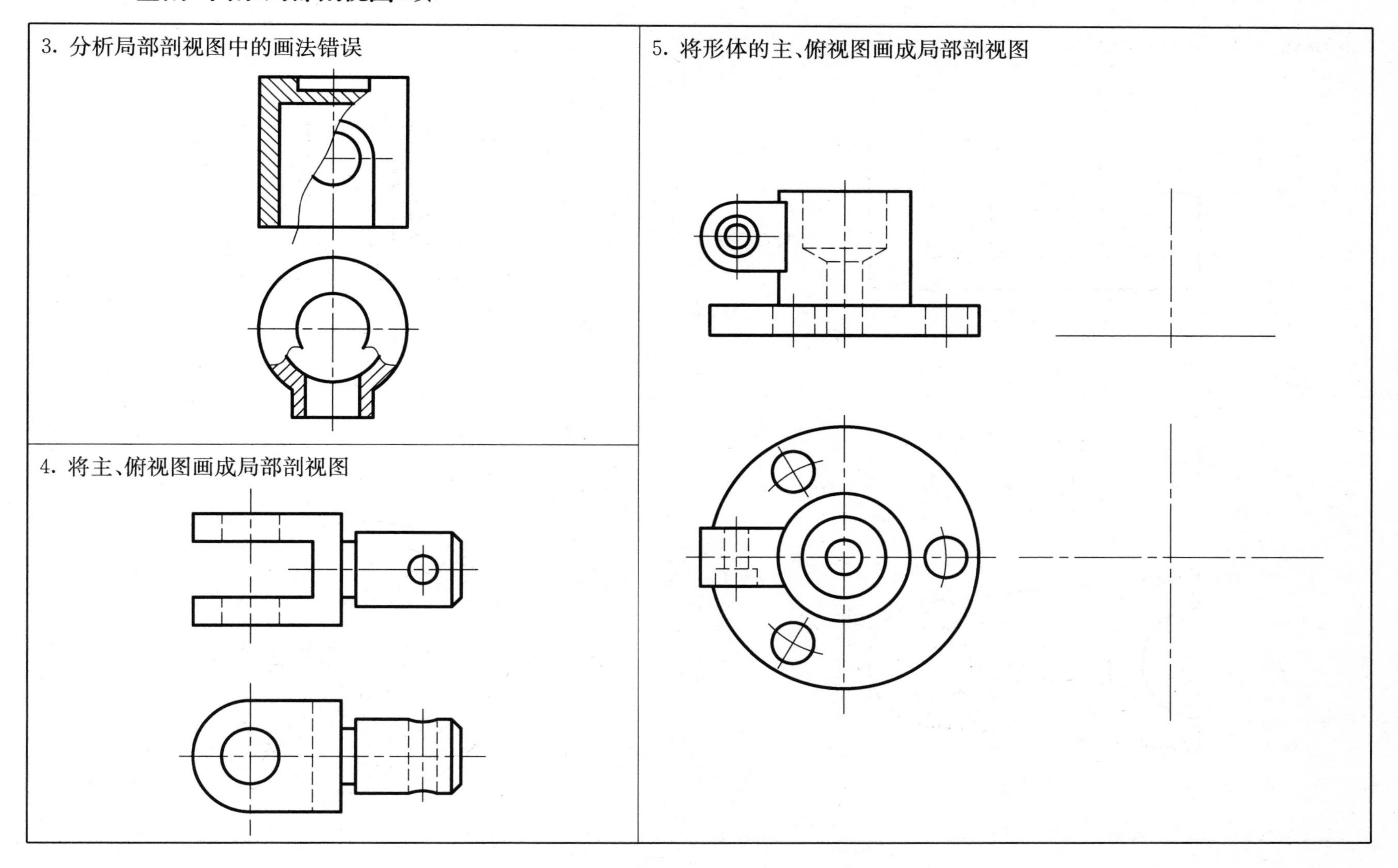

班级__________ 姓名__________ 学号__________

5-6 剖视图的规定画法

将形体的主视图改画成剖视图

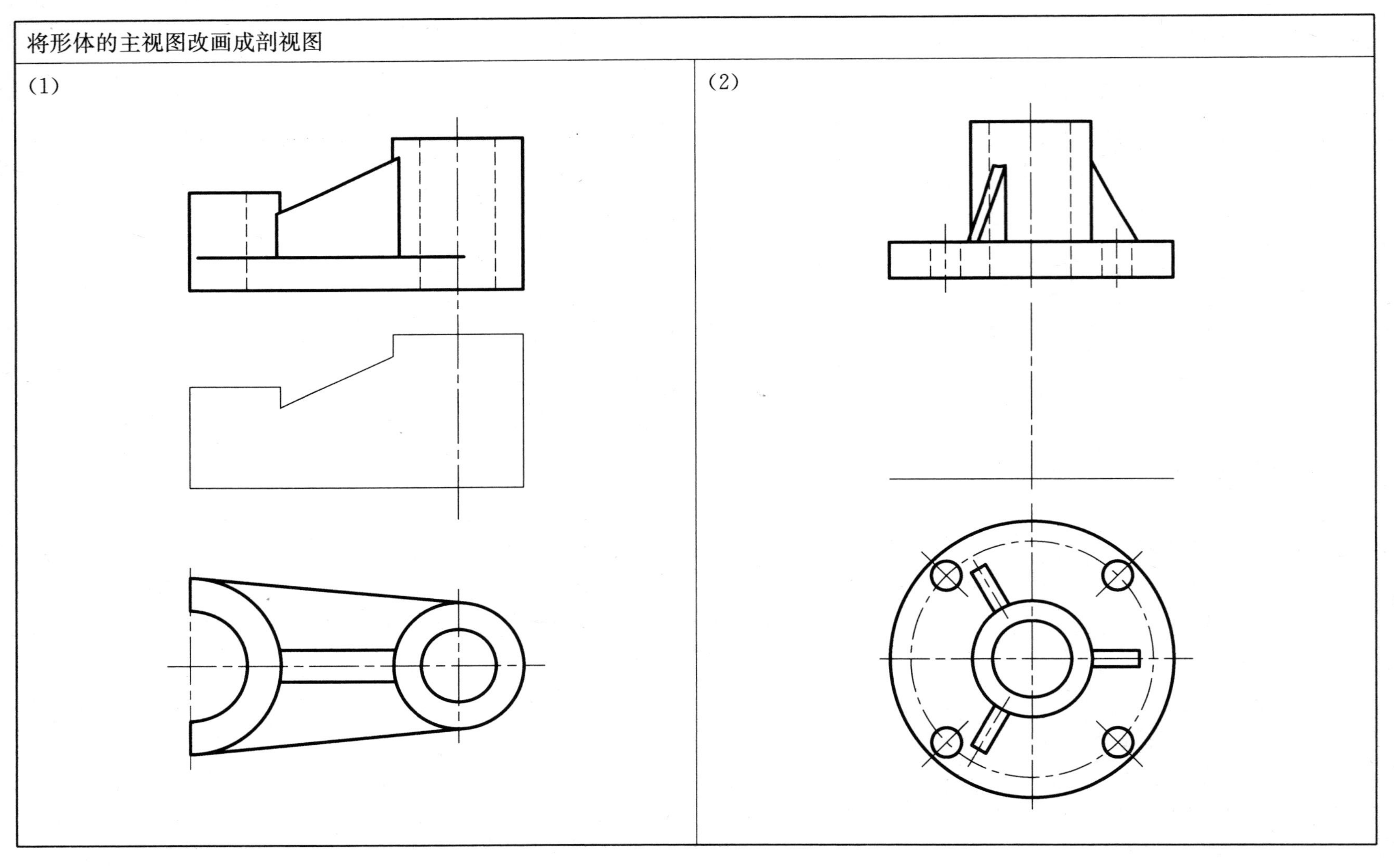

班级__________ 姓名__________ 学号__________

5-7 断面图

在指定的位置作移出断面图(两键槽深度均为 4mm)

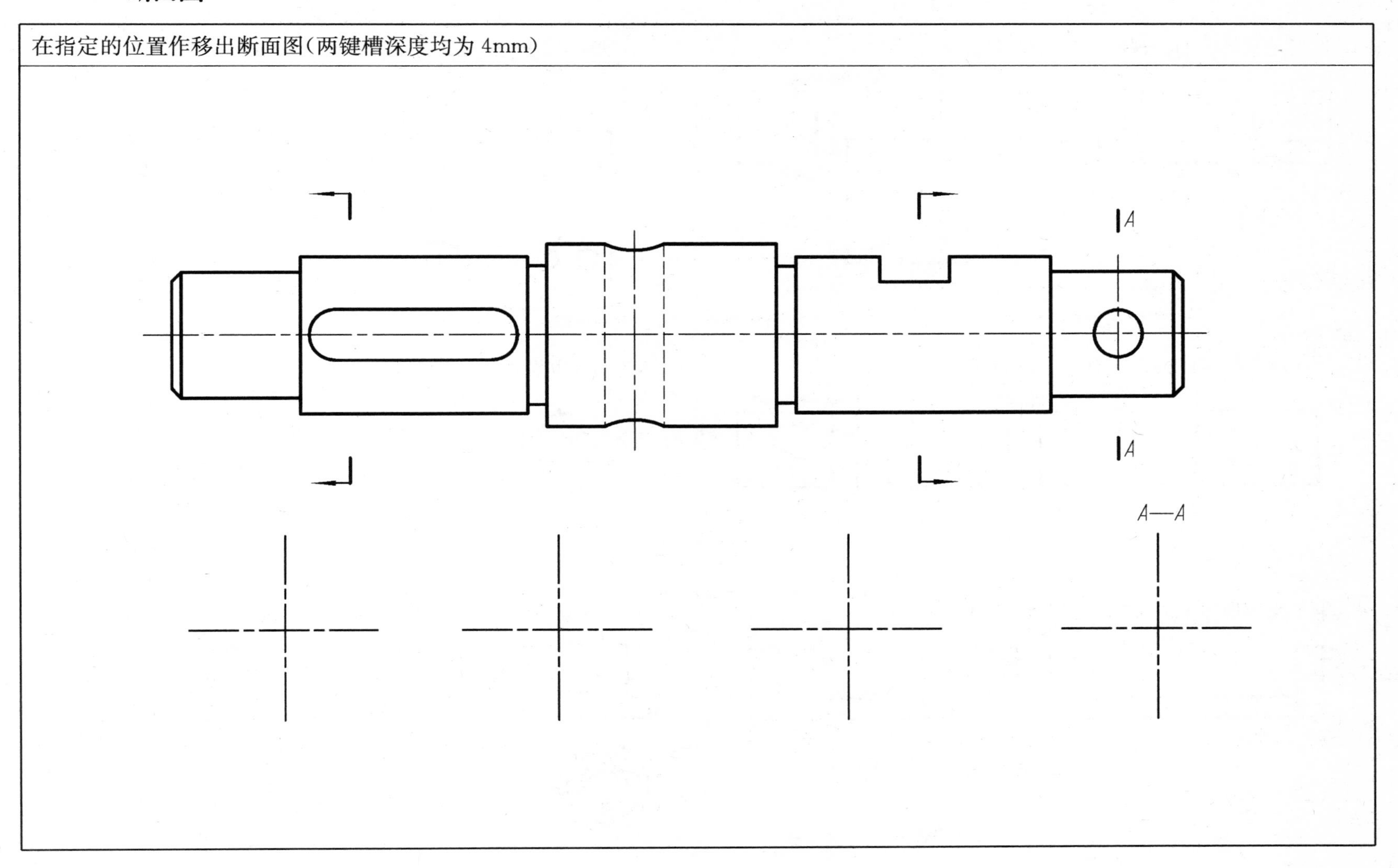

班级__________ 姓名__________ 学号__________

5-8　看图选择题

1. 右面是某形体的三视图，它的右视图正确的是(　　)。

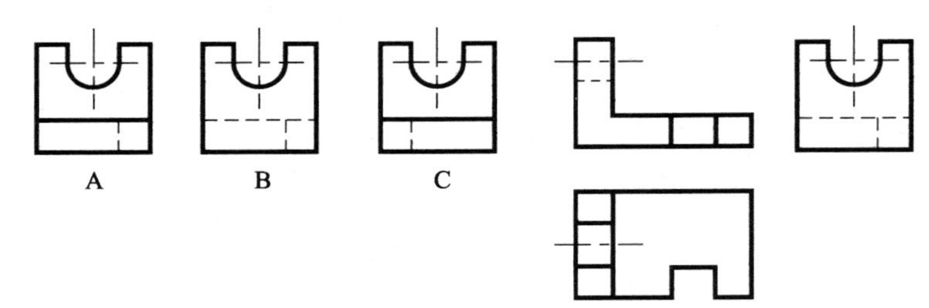

2. 第 1 题中形体的仰视图有四个，正确的是(　　)。

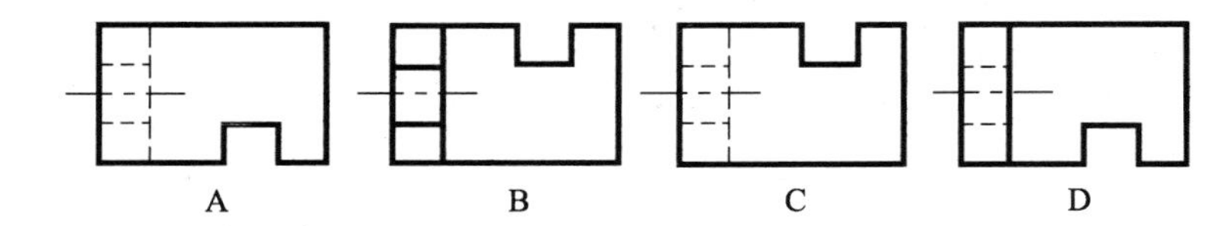

3. 第 1 题中形体的后视图有四个，正确的是(　　)。

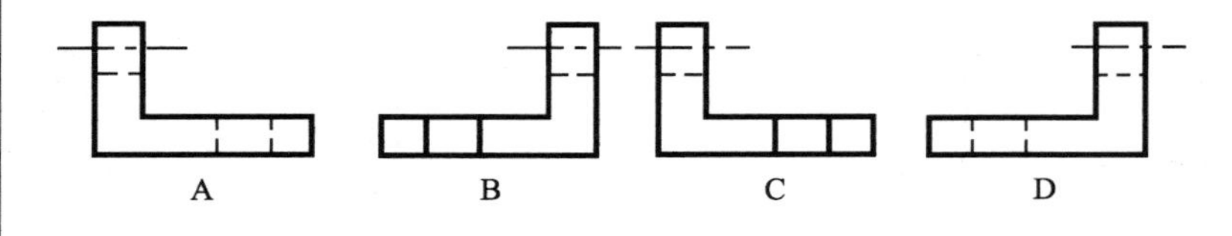

4. 已知形体的主、俯视图，它的 A 向斜视图正确的是(　　)。

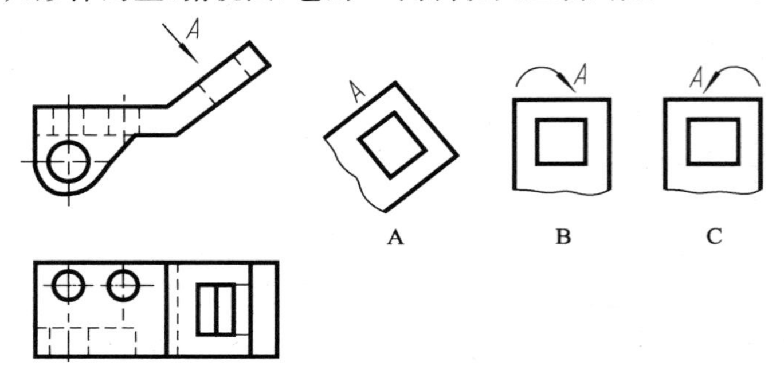

5. 下面是某机件的剖面图，剖面线画法正确的是(　　)。

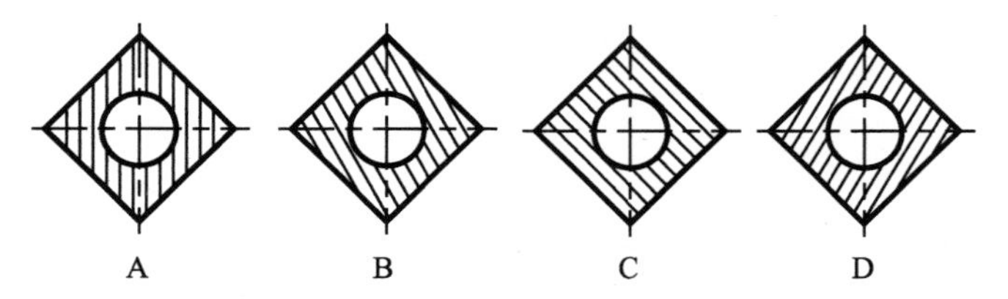

6. 将主视图改画成全剖视图，画法正确且最佳的是(　　)。

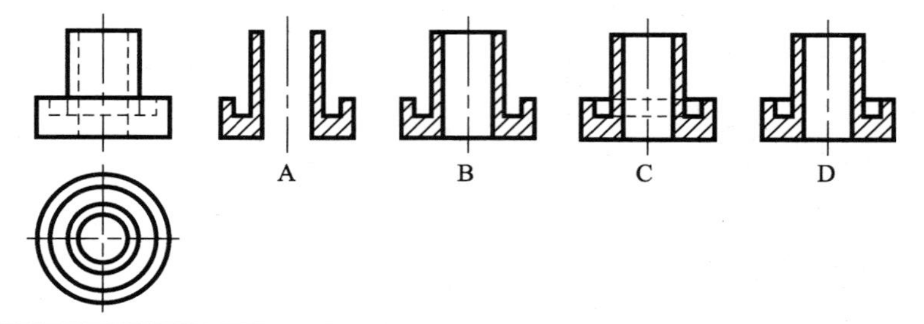

班级__________　　　　姓名__________　　　　学号__________

5-8　看图选择题(续)

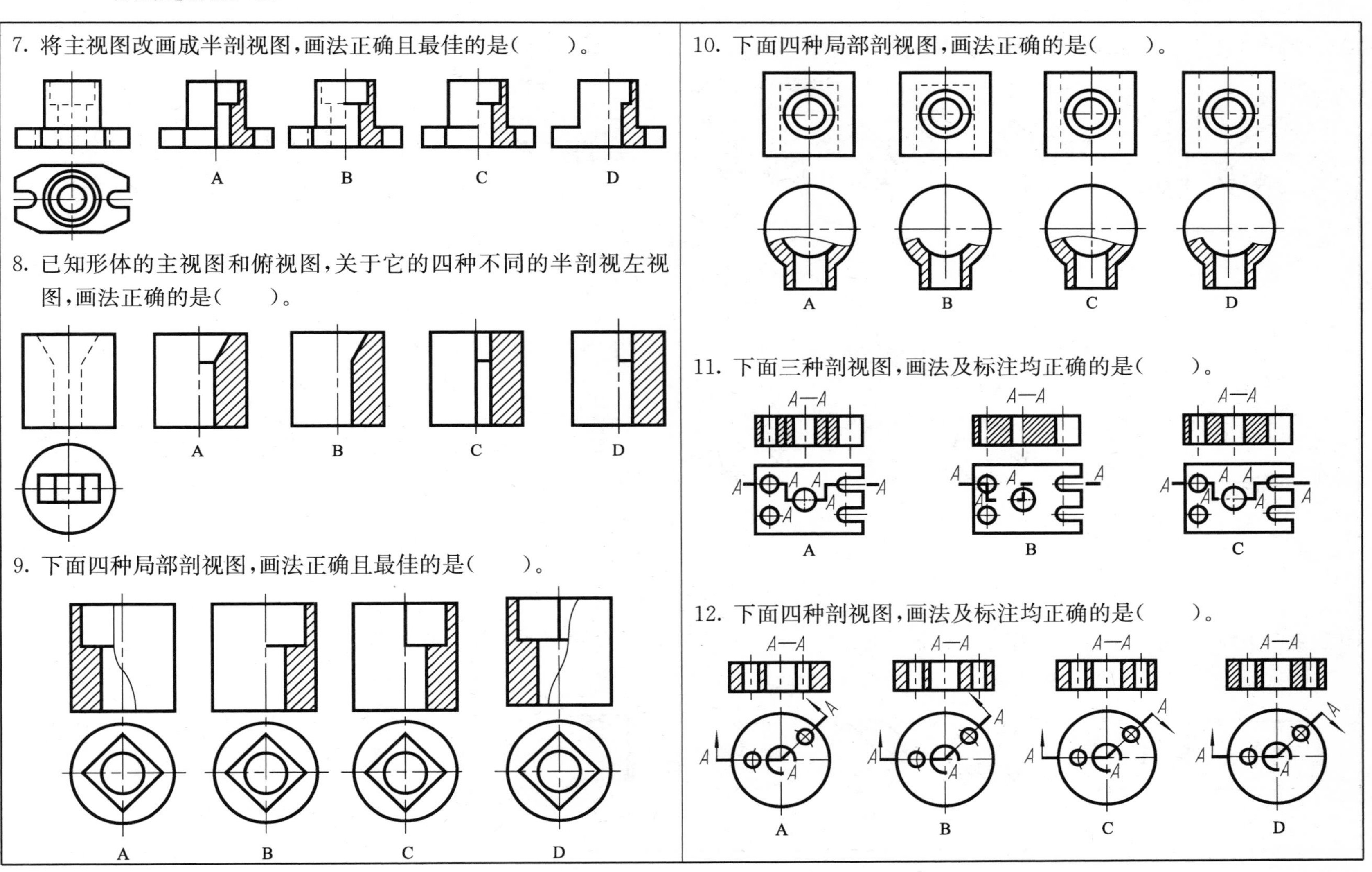

班级____________　　姓名____________　　学号____________

5-8 看图选择题(续)

13. 下面的剖视图,画法及标注均正确的是(　　)。

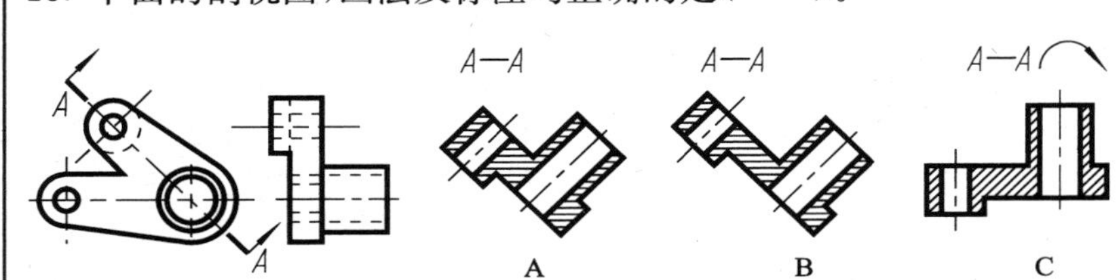

14. 关于下面四种不同的移出断面图,画法正确的是(　　)。

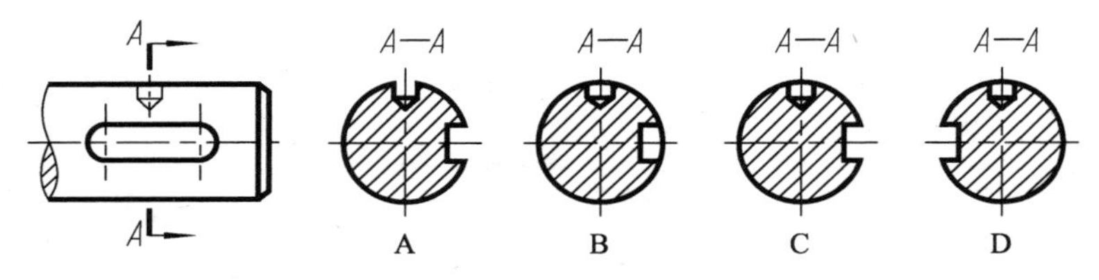

15. 关于下面四种不同的移出断面图,画法正确的是(　　)。

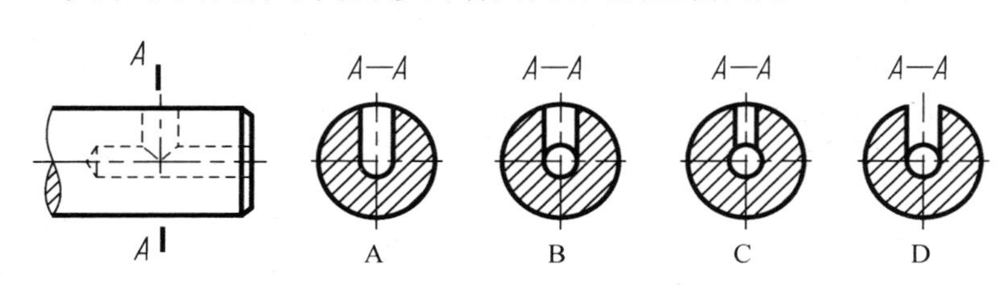

16. 关于下面四种不同的移出断面图,画法正确的是(　　)。

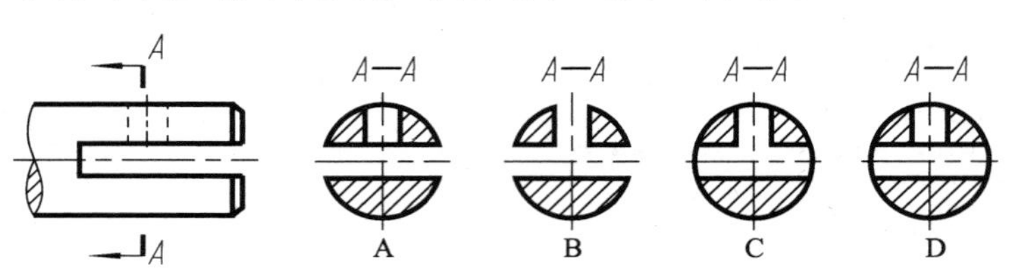

17. 下图中正确的 *A-A* 断面图是(　　)。

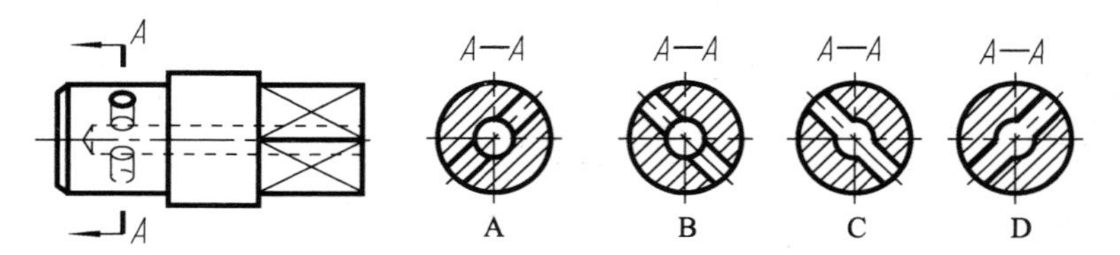

18. 下图中正确的 *A-A* 断面图是(　　)。

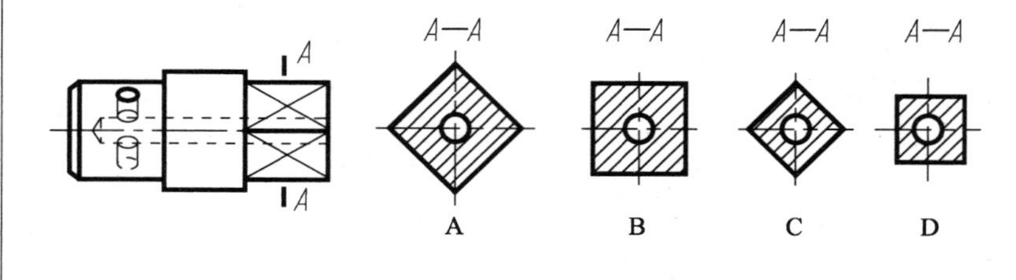

班级＿＿＿＿＿＿　　姓名＿＿＿＿＿＿　　学号＿＿＿＿＿＿

19. 下面的重合断面图,画法及标注正确的是(　　)。

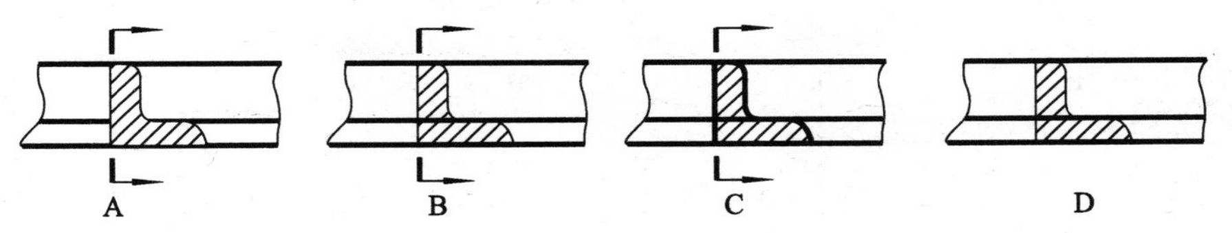

20. 已知形体的主视图和俯视图,关于它的三种主视图的全剖视,画法正确的是(　　)。

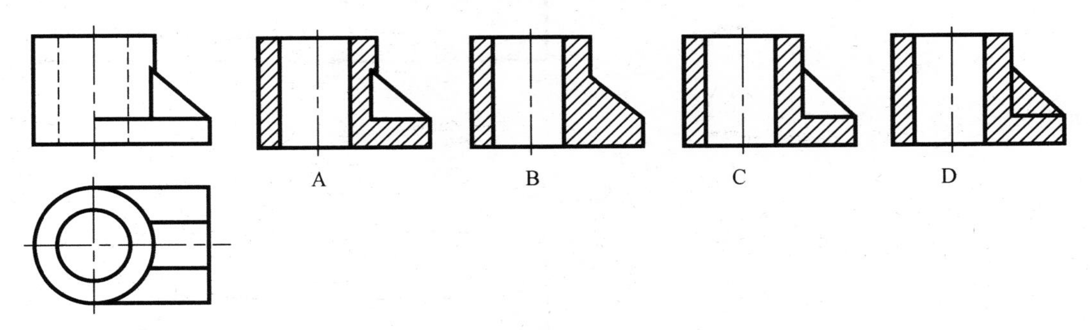

21. 已知形体的主视图和俯视图,关于它的四种俯视图的全剖视,画法正确的是(　　)。

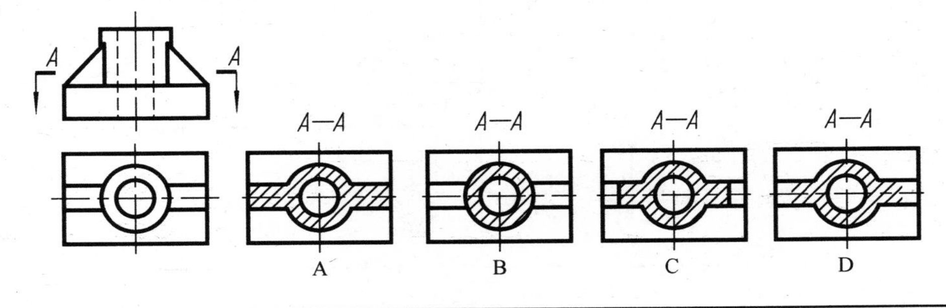

班级＿＿＿＿＿　　姓名＿＿＿＿＿　　学号＿＿＿＿＿

5-9 综合练习：表达方法综合运用

作业指导

一、目的

(1)进一步练习剖视图的画法和标注。

(2)培养根据机件的形状特点选择表达方法的能力。

(3)培养绘图和读图技能。

二、内容与要求

(1)根据右边视图，选择恰当的表达方法。

(2)绘图、标注尺寸。

(3)A3 图幅、比例自定。

三、作图步骤

(1)读图，想象机件的形状。

(2)选择表达方案。

(3)画底稿。

(4)画剖面线，标注尺寸。

(5)检查、修改图形。

(6)描深，填写标题栏。

四、注意事项

(1)一个机件可以有几种表达方案，可通过分析、对比，力求表达完整、清晰、简洁。

(2)图形间应留出标注尺寸的位置。

(3)剖视图应按相应剖切方法直接画出，不必先作视图再改画。

(4)剖面线的方向和间隔应一致。

(5)所注尺寸应根据表达方案合理配置，不一定照搬原视图中的模式。

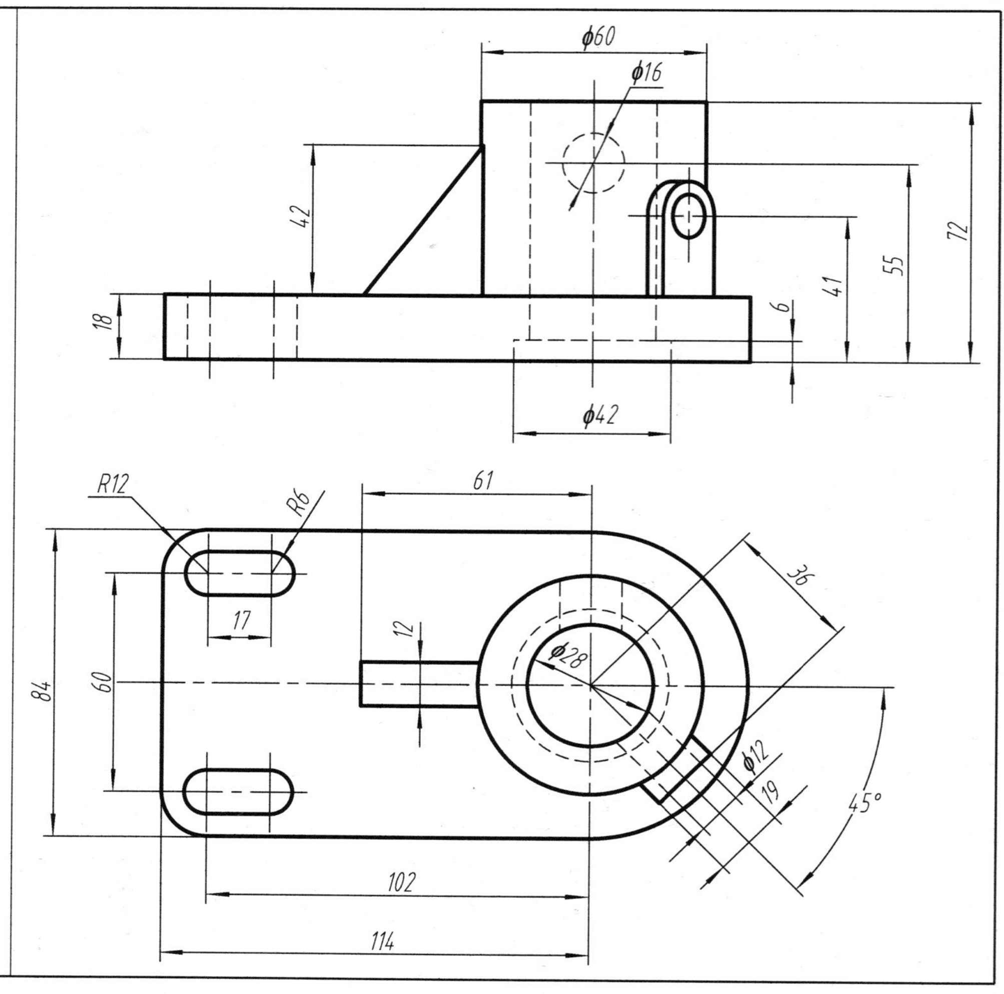

(张 英)

班级__________ 姓名__________ 学号__________

第六章　标准件和常用件

6-1　螺纹

1. 分析下列图中螺纹的错误画法，在指定位置画出正确图形

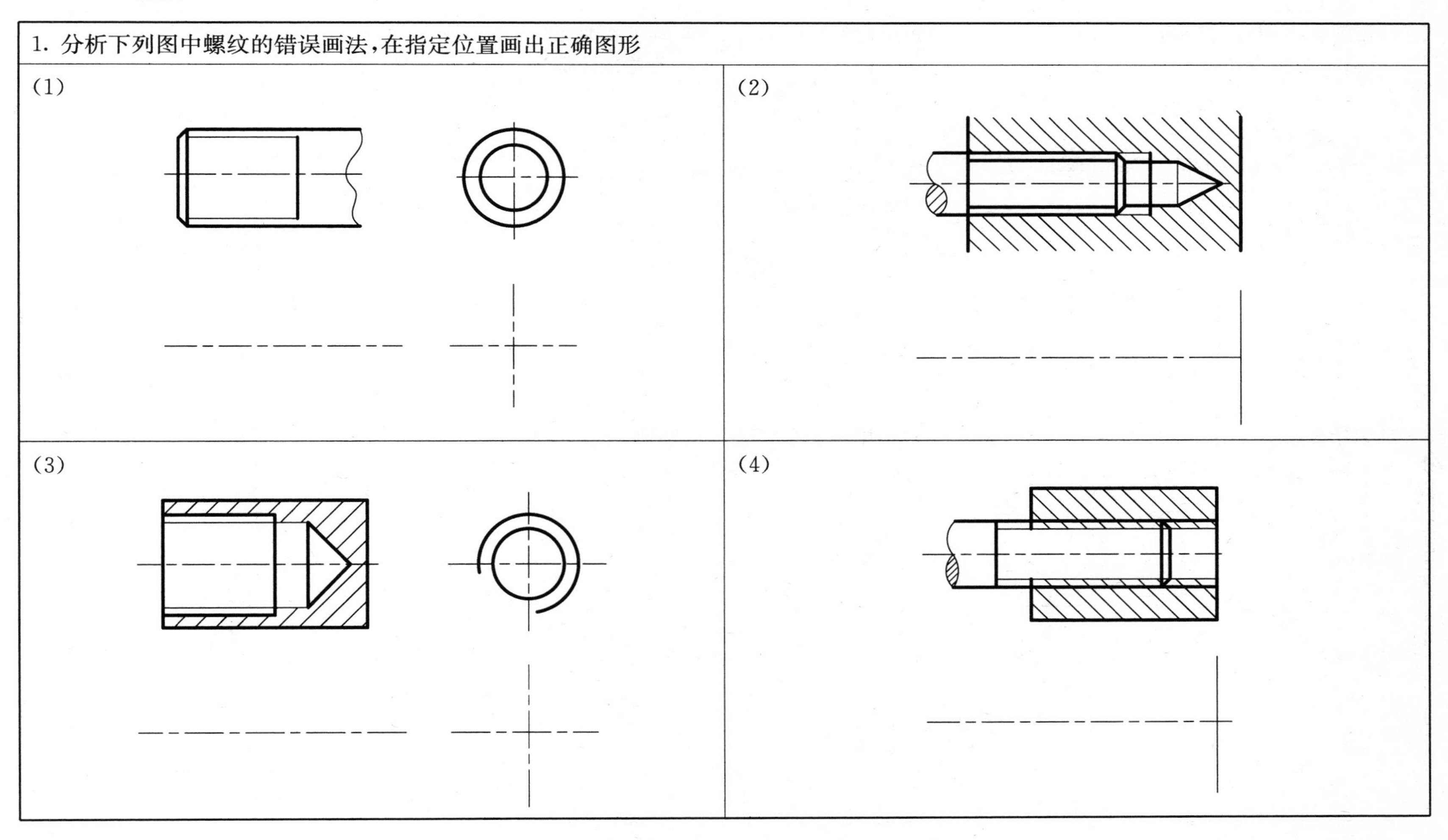

班级＿＿＿＿＿　　姓名＿＿＿＿＿　　学号＿＿＿＿＿

2. 根据给定的要素在图中标注螺纹

(1)粗牙普通螺纹,公称直径 12mm,右旋,中径和顶径公差带均为6g,中等旋合长度。

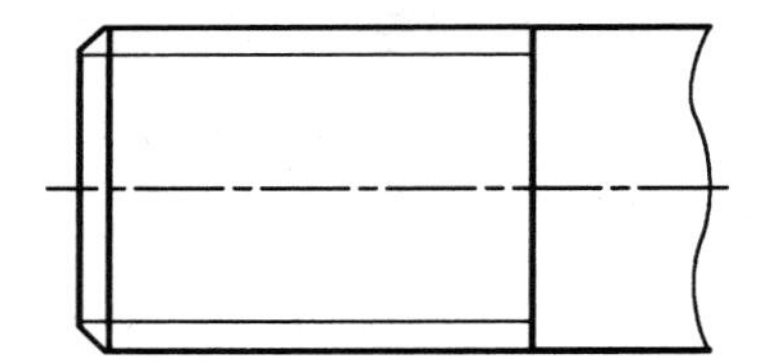

(2)细牙普通螺纹,公称直径 24mm,螺距 1.5mm,右旋,中径和顶径公差带分别为 5g 和 6g,短旋合长度。

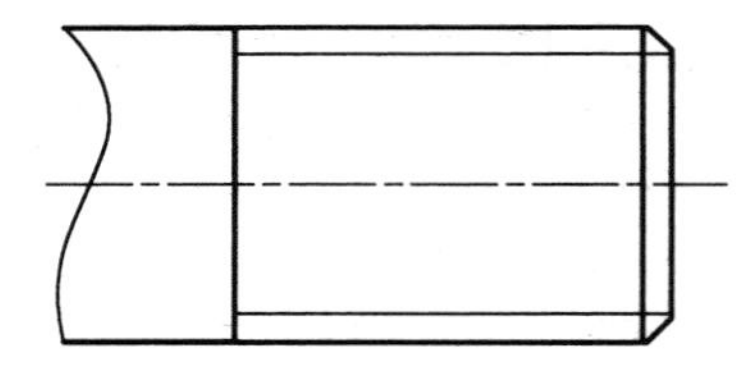

(3)细牙普通螺纹,公称直径 16mm,螺距 2mm,右旋,中径和顶径公差带均为 6H,中等旋合长度。

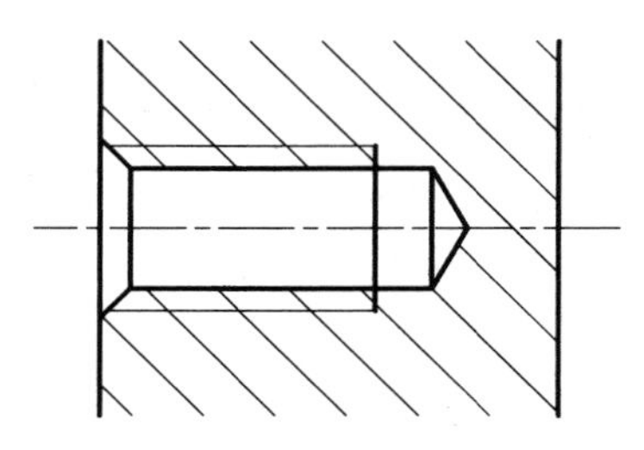

(4)梯形螺纹,公称直径 16mm,导程 8mm,双线,左旋,中径公差带代号为 8e,长旋合长度。

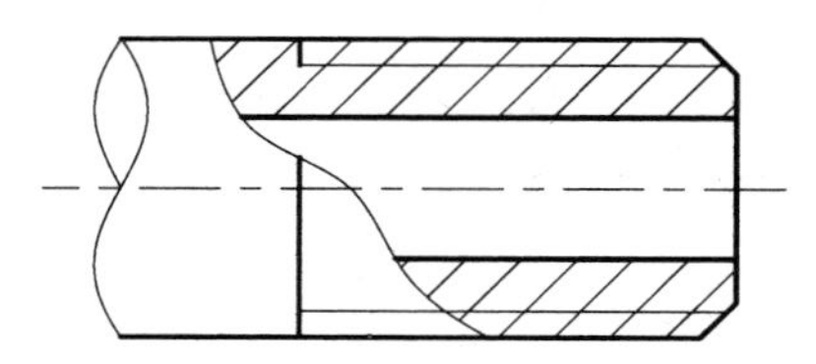

班级__________ 姓名__________ 学号__________

6-1 螺纹(续)

2. 根据给定的要素在图中标注螺纹

(5)非螺纹密封的管螺纹,尺寸代号为 1/2,公差等级为 A 级,右旋。

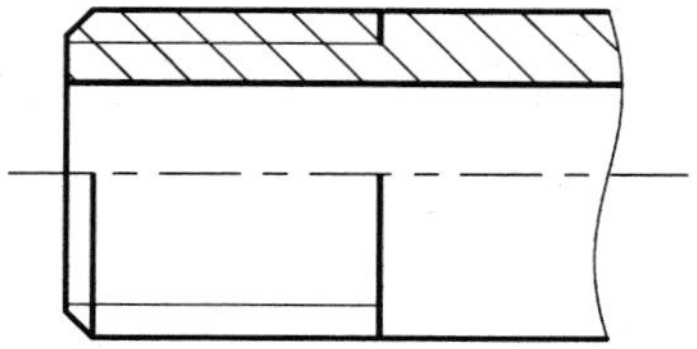

(6)用螺纹密封的管螺纹,尺寸代号为 1/2,左旋。

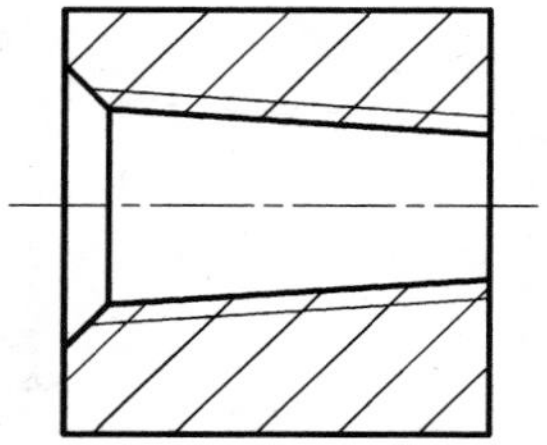

3. 已知下列螺纹的代号,试识别其意义并填表

螺纹代号	螺纹种类	大径	螺距	导程	线数	旋向	公差带代号	旋合长度
M20-5g6g								
M20X1.5-6H- LH								
Tr20X8(P4)-7H								

螺纹代号	螺纹种类	尺寸代号	大径	小径	螺距	公差等级代号	旋向
G 1/2							
R3/4-LH							

班级__________ 姓名__________ 学号__________

6-2 螺纹紧固件

分析下列各螺纹紧固件连接图中的各种错误，将正确的连接图画在右面

(1)

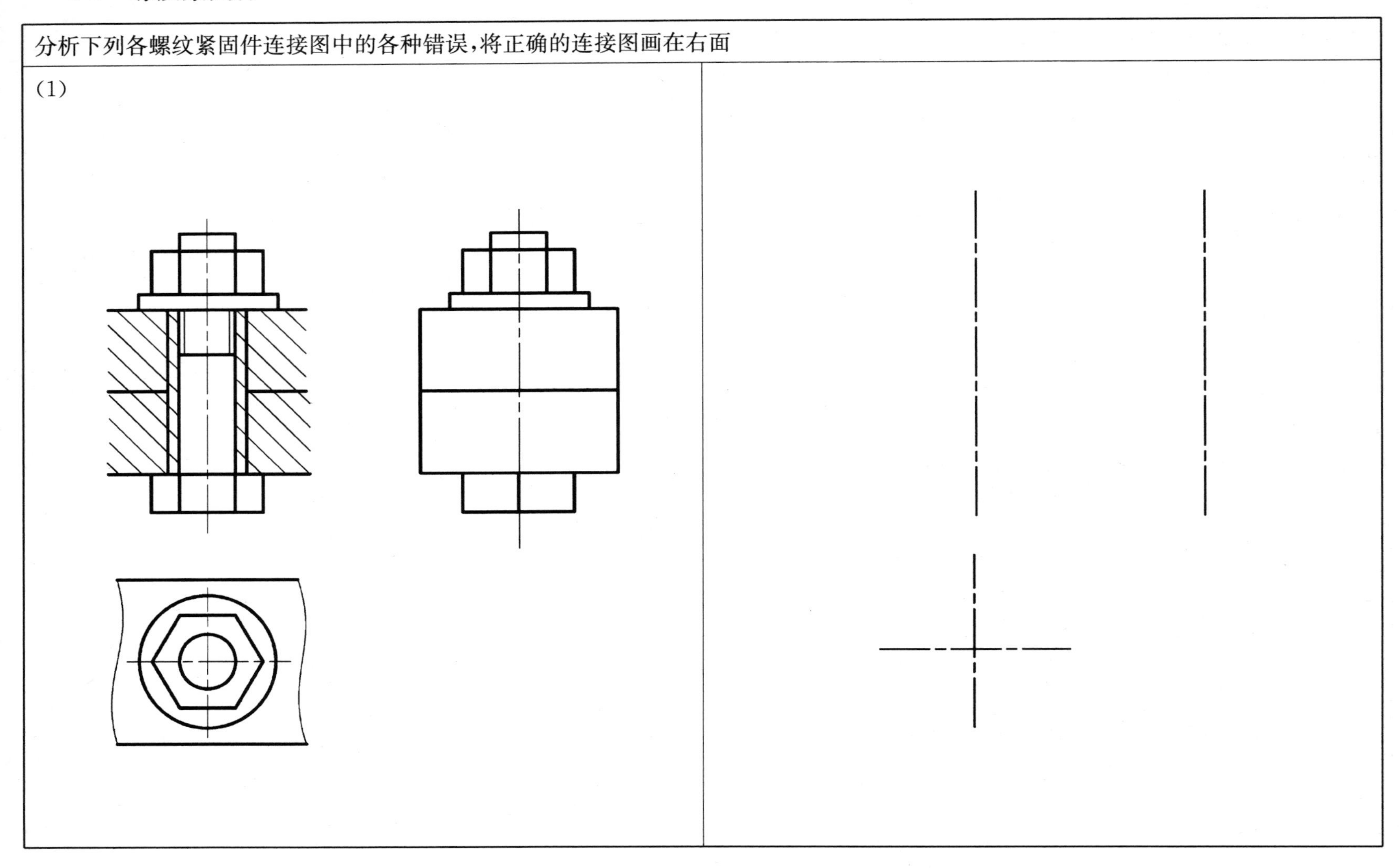

班级__________ 姓名__________ 学号__________

6-2 螺纹紧固件(续)

分析下列各螺纹紧固件连接图中的各种错误,将正确的连接图画在右面

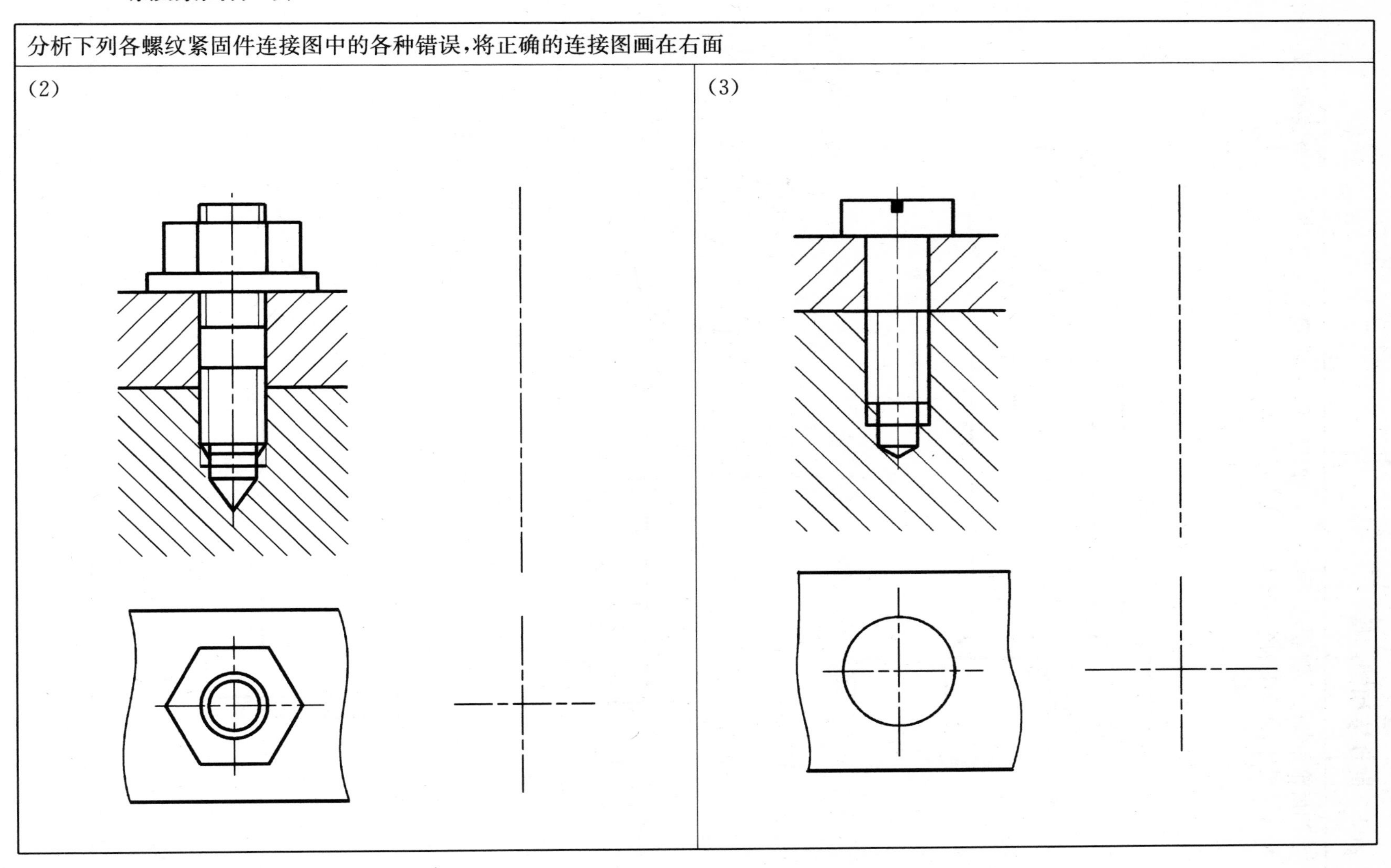

班级__________ 姓名__________ 学号__________

6-3 键连接和销连接

1. 已知齿轮和轴用 A 型普通平键连接，轴的直径 24mm，键的长度 28mm。查表确定键与键槽的有关尺寸，补全下列各视图和 A-A 断面图

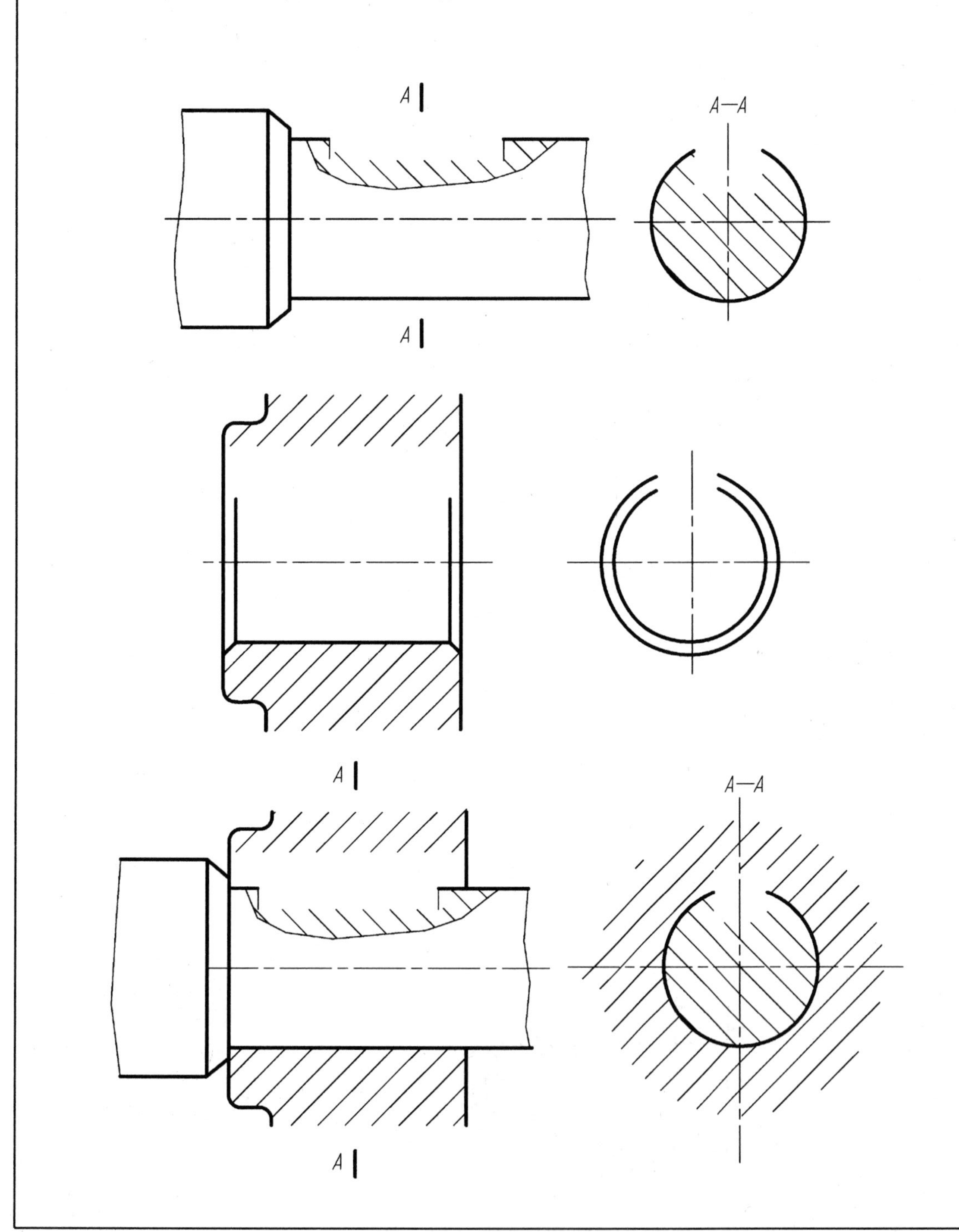

班级＿＿＿＿＿＿ 姓名＿＿＿＿＿＿ 学号＿＿＿＿＿＿

6-3 键连接和销连接(续)

2. 用公称直径 $d=8$mm 的 A 型圆柱销连接，画全销连接的剖视图，并写出销的标记

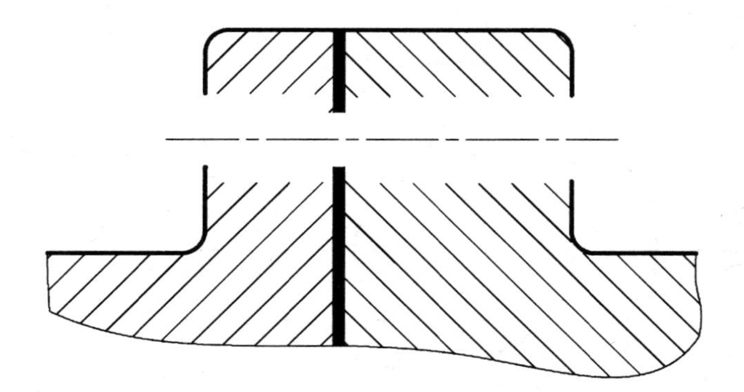

销的标记________

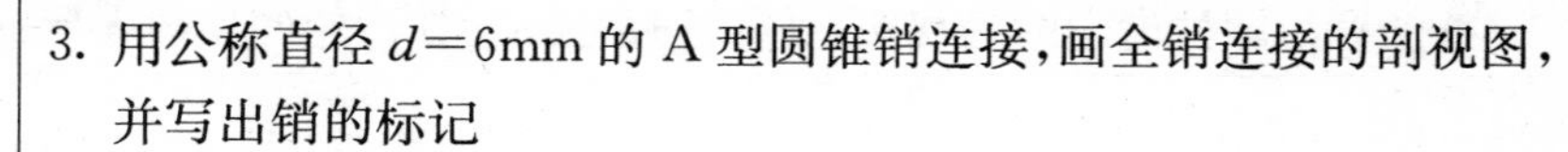

3. 用公称直径 $d=6$mm 的 A 型圆锥销连接，画全销连接的剖视图，并写出销的标记

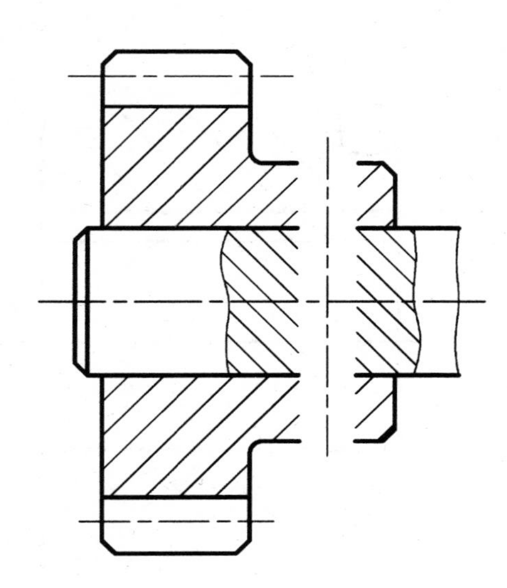

销的标记________

班级__________　　姓名__________　　学号__________

6-4 齿轮

1. 补全直齿圆柱齿轮的两视图，并标注尺寸。已知齿轮的模数 $m=3\text{mm}$，齿数 $z=24$

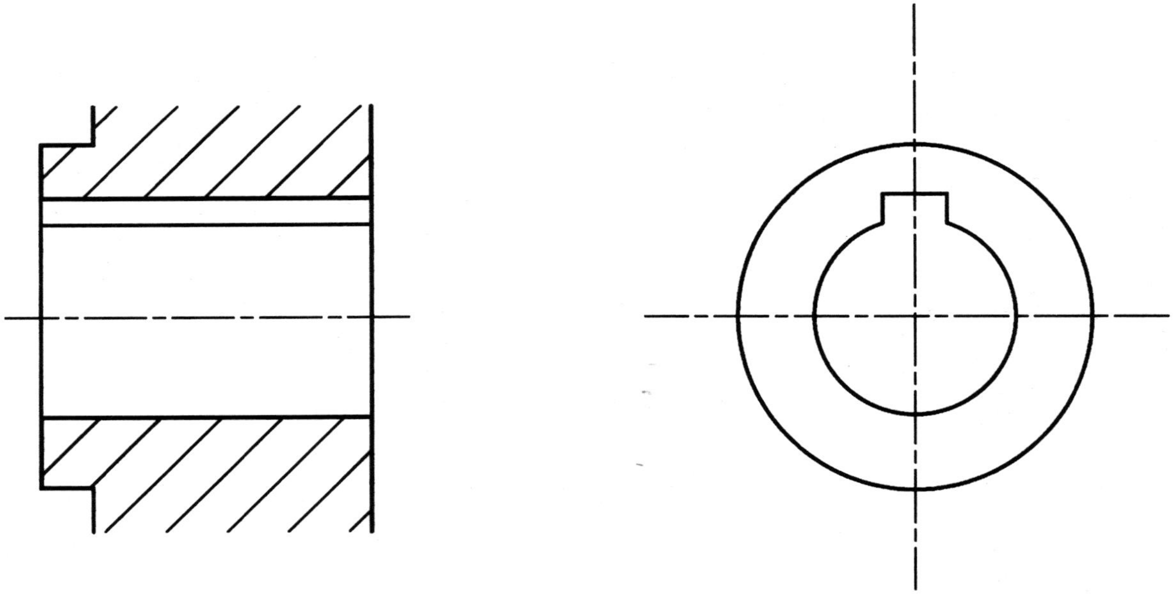

班级__________ 姓名__________ 学号__________

2. 完成一对直齿圆柱齿轮的啮合图。已知两齿轮的模数 m＝3mm，大齿轮齿数 Z_1＝23、小齿轮齿数 Z_2＝11，试计算其主要尺寸并填在表中

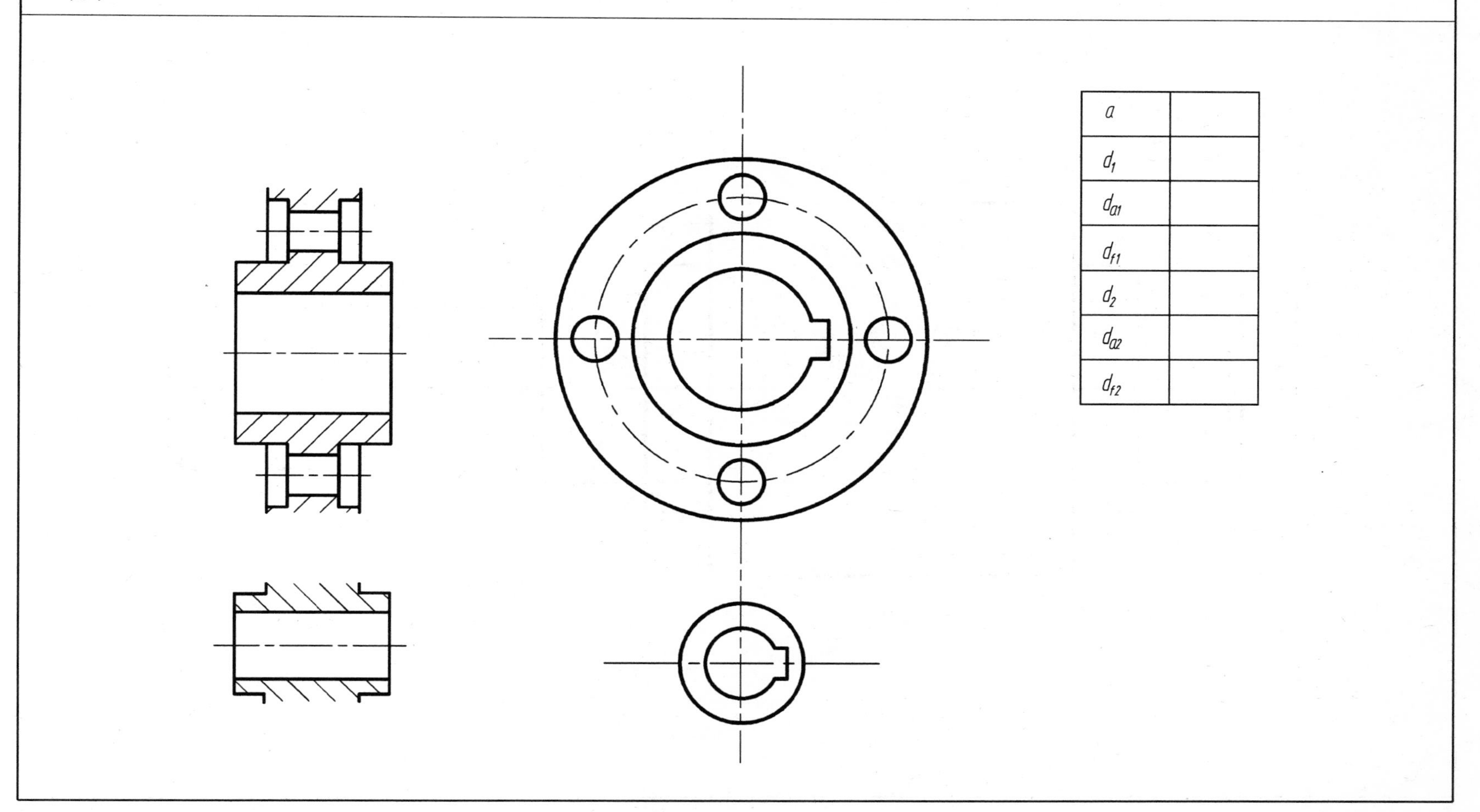

a	
d_1	
d_{a1}	
d_{f1}	
d_2	
d_{a2}	
d_{f2}	

班级＿＿＿＿＿＿　　姓名＿＿＿＿＿＿　　学号＿＿＿＿＿＿

6-5 滚动轴承

用特征画法，按 1∶1 的比例，在齿轮轴的 $\Phi30$ 处画 6206 深沟球轴承一对

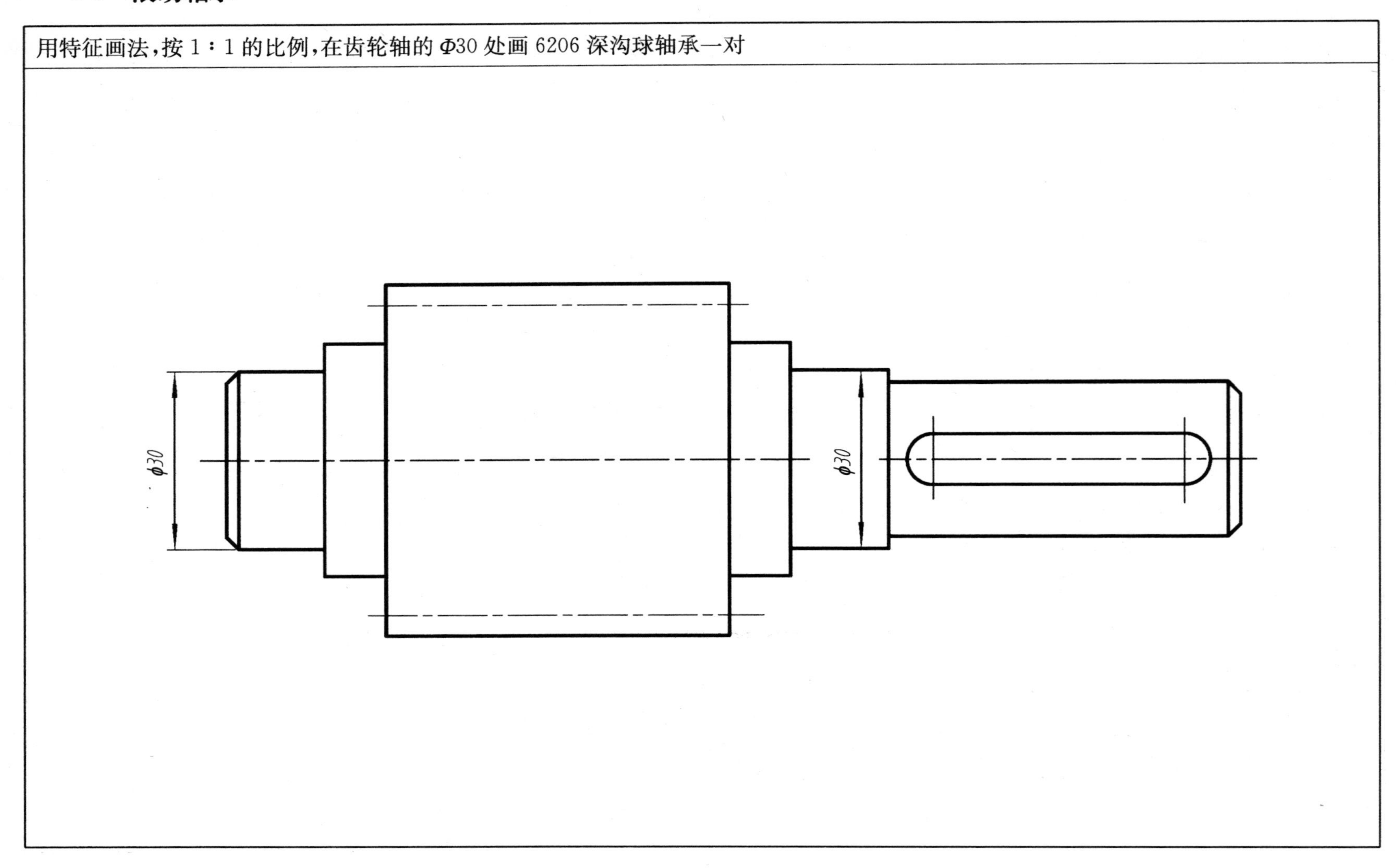

班级__________ 姓名__________ 学号__________

6-6 选择、填空题

1. 螺纹的公称直径一般指(　　)的基本尺寸。
   A. 螺纹外径　　B. 螺纹大径
   C. 螺纹内径　　D. 螺纹小径
2. 内螺纹的大径用(　　)绘制。
   A. 细实线　B. 粗实线　C. 画线　D. 虚线
3. 外螺纹的螺纹终止线用(　　)绘制。
   A. 细实线　B. 粗实线　C. 点画线　D. 虚线
4. M16-6g 表示(　　)螺纹。
   A. 梯形螺纹　　B. 粗牙普通螺纹
   C. 细牙普通螺纹　　D. 锯齿形螺纹
5. 已知双线螺纹,螺距为 1,则它的导程为(　　)。
   A. 1　B. 2　C. 3　D. 4
6. 已知普通外螺纹的公称直径 d=12mm,螺距 p=1.75mm,右旋,中径公差带 5h,顶径公差带 6h,旋合长度为 N,下面四种螺纹标记中,正确的是(　　)。
   A. M12X1.75-5h6h　　B. M12X1.75-5h6h-N
   C. M12-5h6h　　D. M12-6h5h-N
7. 螺纹标记 G1/2 中,关于 1/2 的正确解释是(　　)。
   A. 管螺纹大径　　B. 管螺纹小径
   C. 管子外径　　D. 管螺纹尺寸代号
8. 普通平键的工作面是(　　)。
   A. 顶面　B. 底面　C. 侧面　D. 端面
9. 在单个齿轮投影为圆的视图上,可以省略不画的是(　　)。
   A. 分度圆　B. 齿顶圆　C. 齿根圆　D. 分度圆或齿根圆
10. 对于标准直齿圆柱齿轮,下列说法正确的是(　　)。
    A. 齿顶高>齿根高　　B. 齿高=2.5m
    C. 齿顶高=m　　D. 齿顶高=齿根高
11. 已知直齿圆柱齿轮模数 m=2.5mm,齿数 z=25,则齿轮分度圆的直径为(　　)。
    A. 62.5　B. 61.5　C. 63　D. 63.5
12. 绘制圆柱齿轮时,分度圆、分度线用(　　)绘制。
    A. 粗实线　　B. 细实线
    C. 细点画线　　D. 虚线
13. 螺栓连接由________组成,一般适用于两个不太厚并允许钻成________孔的零件的连接。将螺栓穿过通孔后套上________,拧紧________。通孔直径 d_0 一般取________。
14. 轴承型号 6207,轴承类型为________,轴承内径________,外径________,宽度________。

(李长航)

班级________　　姓名________　　学号________

第七章　零件图和装配图

7-1　机械图样的技术要求

1. 根据装配图上的配合代号，填写下列内容

(1)说明 Φ42H7/p6 的含义：

Φ42 表示________；H 表示________，7 表示________；p 表示________，6 表示________；

此配合是基________制的________配合。

(2)查表写出 Φ108H7/f7 配合中的下列数值：

孔：上极限尺寸是________，下极限尺寸是________，上极限偏差是________，下极限偏差是________，公差是________。

轴：上极限尺寸是________，下极限尺寸是________，上极限偏差是________，下极限偏差是________，公差是________。

此配合是基________制的________配合。

2. 在零件图上分别标注轴、孔的直径尺寸及公差带代号

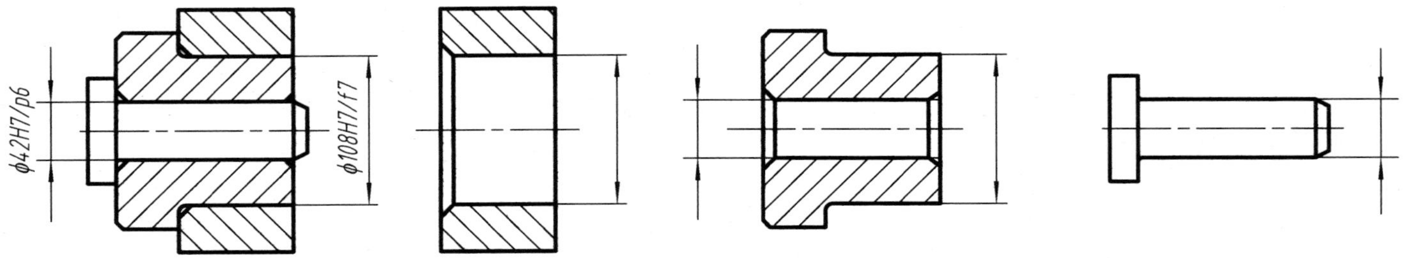

φ42H7/p6

φ108H7/f7

班级__________　　　　姓名__________　　　　学号__________

3. 识读表面结构要求并填空

ϕ120 外圆面的表面结构要求代号为________，ϕ50 孔表面的表面结构要求代号为________，ϕ90 外圆面的表面结构要求代号为________，左端面的表面结构要求代号为________，右端面的表面结构要求代号为________。最光滑的表面是________。

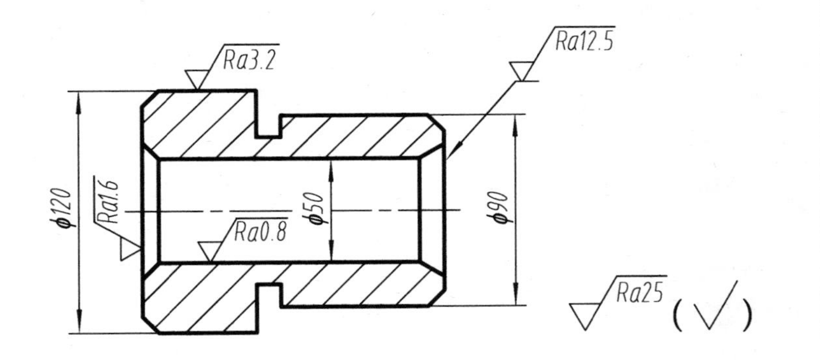

5. 识读几何公差并填空

ϕ120f7 外圆面对 ϕ50H8 轴线的________公差为________。

ϕ120f7 的轴线对 ϕ50H8 轴线的________公差为________。

右端面的________公差为________。

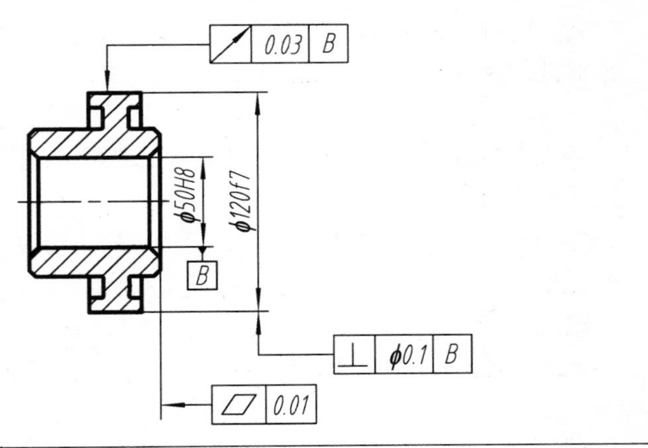

4. 按给定要求标注零件的表面结构要求

15 孔(加工面)*Ra* 上限值为 3.2。

底面(加工面)*Ra* 上限值为 12.5。

锪平孔(加工面)*Ra* 上限值为 25。

其余表面均为铸造毛坯面。

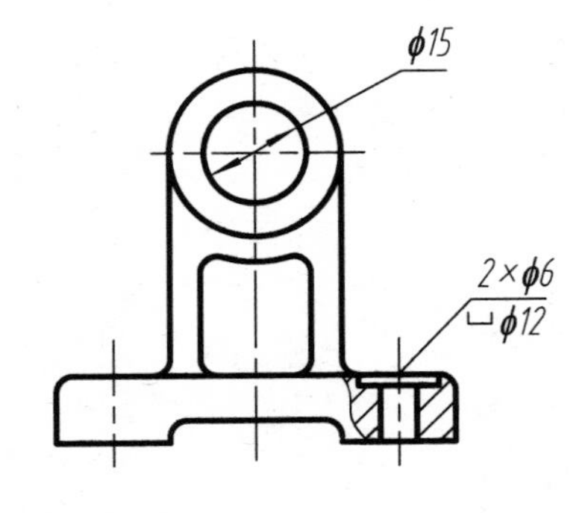

班级________　　姓名________　　学号________

7-2 读零件图

1. 看懂输出轴的零件图并回答问题

(1)该零件名称为________，材料为________，绘图比例为________。

(2)主视图轴线水平放置，主要是为了符合零件的________位置。

(3)除主视图外，采用了三个________图表达轴上键槽、钻孔、切平面处的断面形状；一个比例为________的________图表达螺纹退刀槽的形状。

(4)指出该轴的径向尺寸基准和轴向主要尺寸基准；指出键槽和钻孔的定位尺寸。

(5)ϕ40g6 的公称尺寸为________，上极限偏差为________，下极限偏差为________，公差为________，上极限尺寸为________，下极限尺寸为________。

(6)轴上最光面的 Ra 值为________，最粗糙面的 Ra 值为________。

(7)图中 M24-6g 表示________螺纹，24 是________。

(8)ϕ60n6 的轴线对 ϕ40g6 轴线的________公差为________。

2. 看懂套的零件图并回答问题

(1)该零件名称为________，材料为________，绘图比例为________。

(2)零件图采用了主视图和________视图。主视图是________剖视图，用________个________剖切面剖切，剖切位置在________视图中注明。

(3)零件上 4×ϕ18 的沉孔共________个，其定位尺寸为________。在图中指出该零件的径向尺寸基准和轴向主要尺寸基准。

(4)该零件的主要结构为回转体，最大直径________，总长尺寸________。

(5)尺寸 2×0.5 表示________结构，2 是________，0.5 是________。

(6)ϕ118h6 外圆面的表面结构代号是________，ϕ70h6 外圆面的表面结构代号是________。

(7)ϕ118h6 的公称尺寸________，公差带代号________，上极限尺寸为________，下极限尺寸为________，公差为________。

(8)该图中共标注有________处几何公差。其中右端面对 ϕ56h6 轴线的垂直度公差为________，ϕ26H7 孔的轴线对 ϕ56h6 轴线的同轴度公差为________，ϕ70h6 外圆面对 ϕ56h6 轴线的圆跳动公差为________，ϕ118h6 的右端面对 ϕ56h6 轴线的圆跳动公差为________。

班级________　　姓名________　　学号________

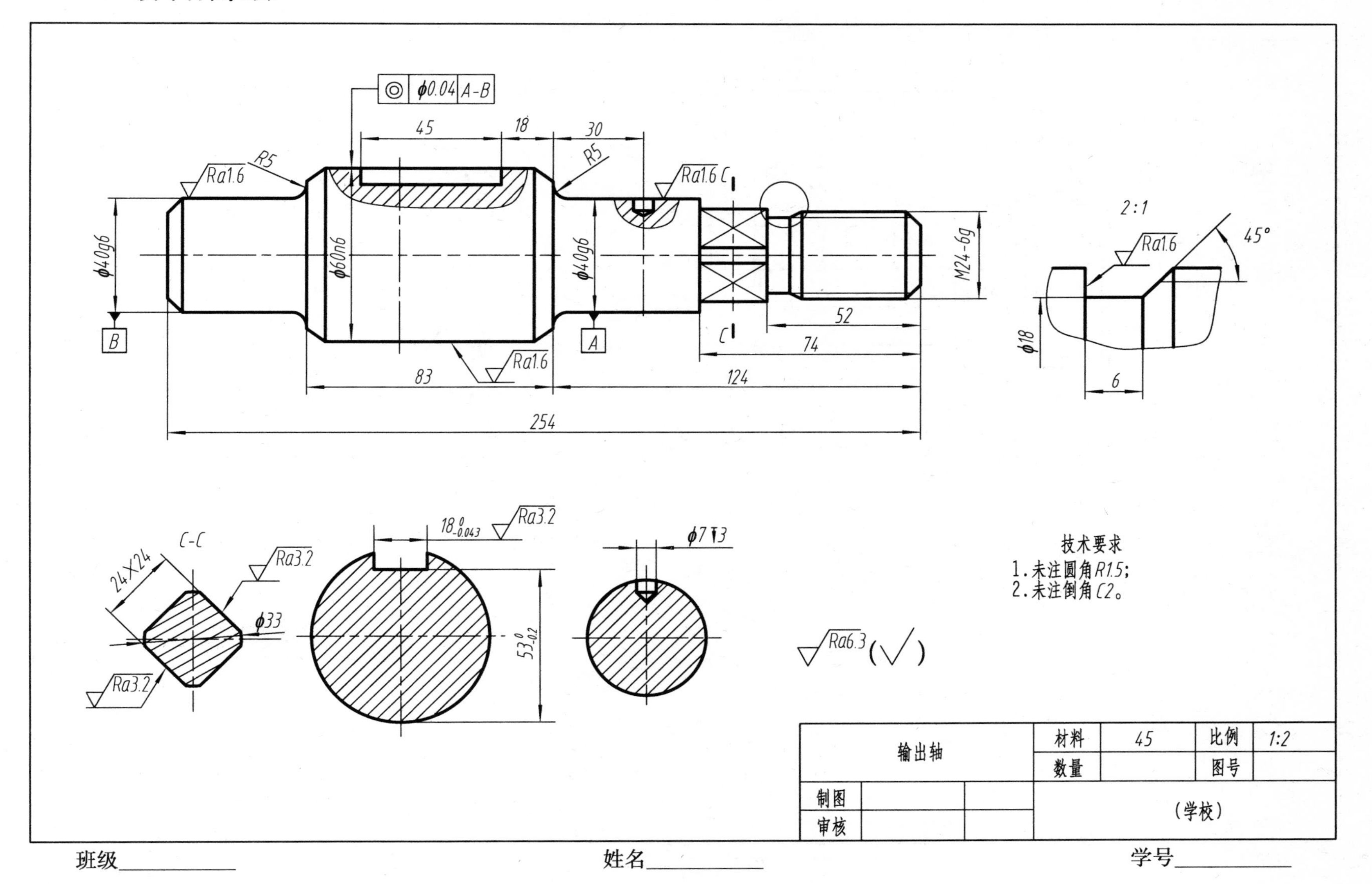

ϕ0.04 A-B
45
18
30
R5
Ra1.6
R5
Ra1.6 C
ϕ40g6
ϕ60n6
ϕ40g6
M24-6g
B
A
C
52
74
Ra1.6
83
124
254
2:1
Ra1.6
45°
ϕ18
6
C-C
24X24
Ra3.2
ϕ33
Ra3.2
18 0 -0.043
Ra3.2
53 0 -0.2
ϕ7 ↧3
技术要求
1.未注圆角R1.5;
2.未注倒角C2。
Ra6.3 (√)
输出轴
材料
45
比例
1:2
数量
图号
制图
审核
(学校)

班级________ 姓名________ 学号________

7-2 读零件图(续)

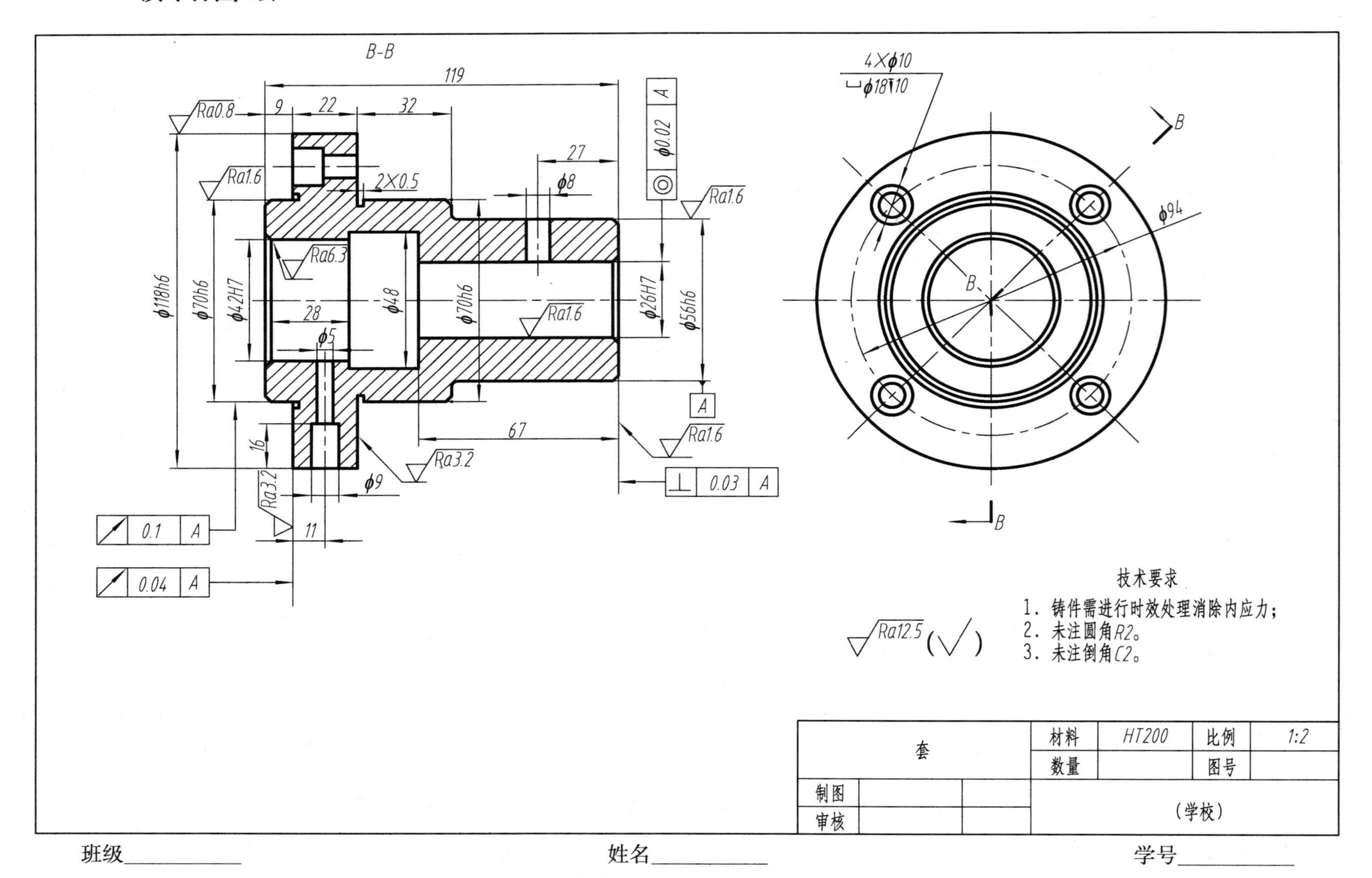
B-B
119
9
22
32
27
2×0.5
ϕ8
Ra0.8
Ra1.6
Ra6.3
Ra3.2
Ra12.5 (√)
ϕ118h6
ϕ70h6
ϕ42H7
28
ϕ5
ϕ48
ϕ26H7
ϕ56h6
67
16
ϕ9
11
ϕ0.02 A
A
⊥ 0.03 A
0.1 A
0.04 A
4×ϕ10
⌴ϕ18↧10
B
ϕ94
技术要求
1. 铸件需进行时效处理消除内应力;
2. 未注圆角R2。
3. 未注倒角C2。
套
材料 HT200
比例 1:2
数量
图号
制图
审核
(学校)
班级
姓名
学号

7-2 读零件图(续)

3. 看懂顶尖座的零件图并回答问题

(1)零件图采用了________个基本视图,主视图按________位置放置,并采用________剖视表达顶尖座的内部形状,俯视图为________剖视图,左视图采用________剖视图。

(2)分析视图可知,顶尖座的结构分为上、中、下三部分,上部为________,中部为________个肋板支承,下部为________。

(3)圆柱孔 ϕ22H7 轴线在高度方向的定位尺寸是________,基准为________;该轴线对底面的________公差为________;孔内表面的结构代号为________,圆柱外表面的结构代号为________;该孔的公差等级为________级,上极限尺寸为________,下极限尺寸为________,公差值是________。

(4)底板两侧安装孔的尺寸是________、________;底部有左右方向的通槽,宽度尺寸为________,高度尺寸为________,槽顶面的结构代号是________,两侧面的结构代号是________;底板中部长方孔的长度为________,宽度为________。

(5)肋板的厚度为________,表面结构代号为________。

4. 看懂减速箱体的零件图并回答问题

(1)主视图按________位置放置,采用________剖视;左视图采用________剖视并辅以________断面图;B 和 C 是两个________视图。

(2)分析视图可知,箱体的中间部分是外径为________的圆形壳体。该壳体的前端面均布有________个 M8 的螺纹孔;上方有 ϕ40 的凸台,并加工有螺纹孔________;后面有 ϕ120 的轴孔,轴孔下方有加强肋支承,肋板的厚度为________;该壳体的下面有直径为________的圆筒体,圆筒体的两端面各加工有________个 M10 的螺孔,其分布见 C 图。

(3)箱体的底部有底板座,其上有________个安装孔,直径尺寸为________,底面凹槽的长、宽尺寸为________、________。

(4)找出 C 图中 R76、B 图中 R18 的凹槽在主视图中的投影。

(5)该零件最光滑的表面是________,其结构代号为________。

(6)ϕ70K7 孔的公称尺寸________,上极限尺寸________,下极限尺寸________,公差________。

(7)找出图中的定位尺寸,分析长、宽、高的主要尺寸基准。

班级________ 姓名________ 学号________

7-2 读零件图(续)

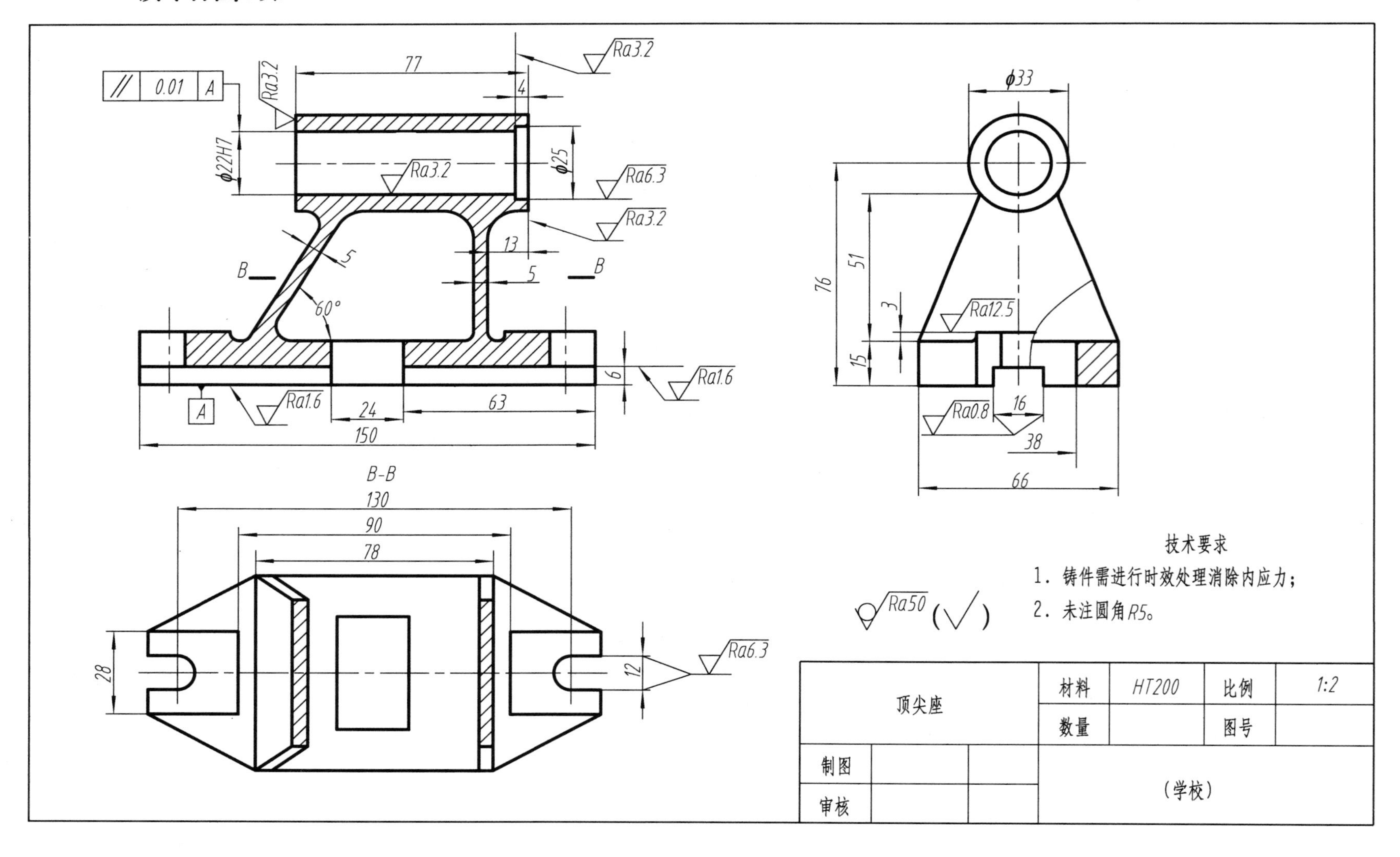

班级__________　　姓名__________　　学号__________

7-2 读零件图（续）

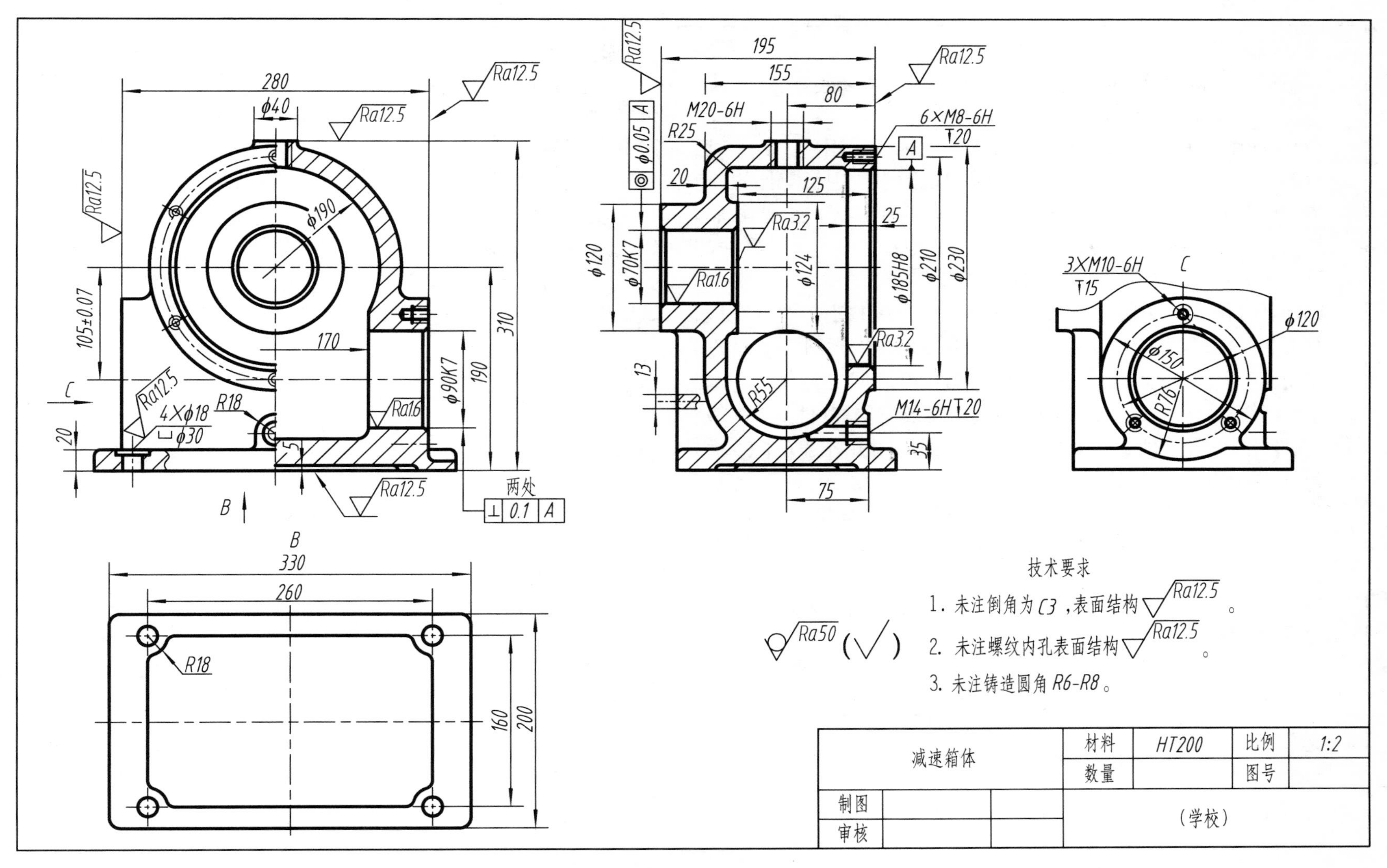

班级__________　　姓名__________　　学号__________

7-3 读装配图

1. 看懂球阀装配图并回答问题

(1)该装配体的名称为________，画图比例为________，共由________种零件组成，其中标准件有________种。

(2)装配图共有________个基本视图。主视图采用________剖视表达各零件的装配关系；俯视图采用视图表达主要零件的外形，并采用________画法表达手柄的两个位置；左视图采用________剖视，并采用________画法，拆去________等零件，进一步表达装配关系及主要零件的形状。

(3)阀体(件1)是主要零件之一；阀芯(件3)装在阀体(件1)内，其形状是球形，直径尺寸为________，左右两侧密封圈(件4)的作用是________；阀盖(件2)与阀体(件1)之间是________连接，连接尺寸为________；阀体(件1)上部装有阀杆(件5)，在阀杆(件5)与阀体(件1)孔之间放入________，并用压盖(件9)压紧，压盖(件9)与阀体(件1)之间是________连接，连接尺寸为________；手柄(件10)用________和________固定在阀杆上，手柄(件10)较长，采用了________画法。

(4)球阀安装在管路中，转动手柄(件10)时，带动________使________转动，实现阀门的开启、关闭及流量调节。图中所示的位置，阀门处于________(开、关)状态。当手柄(件10)处于俯视图中双点画线位置时，阀门处于________(开、关)状态。

(5)球阀的特性尺寸是________，ϕ22H8/f8 是________与________的配合，是基________制的________配合。

(6)要更换密封圈(件4)，说明拆、装顺序。

(7)分析阀体(件1)、阀盖(件2)、阀杆(件5)、阀芯(件3)等零件，试用适当的表达方法表达其结构形状。

班级________　　姓名________　　学号________

7-3 读装配图(续)

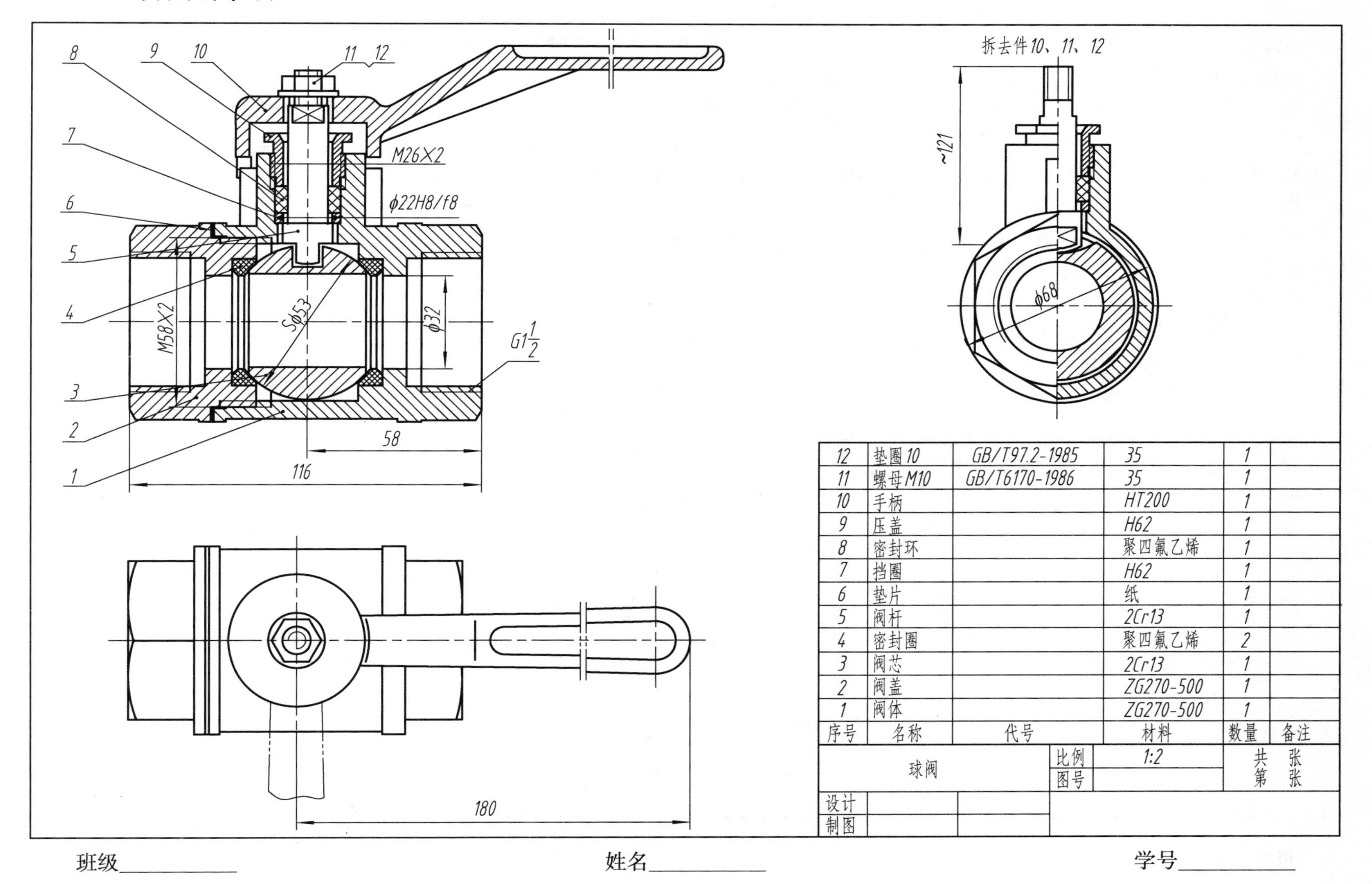

12	垫圈10	GB/T97.2-1985	35	1	
11	螺母M10	GB/T6170-1986	35	1	
10	手柄		HT200	1	
9	压盖		H62	1	
8	密封环		聚四氟乙烯	1	
7	挡圈		H62	1	
6	垫片		纸	1	
5	阀杆		2Cr13	1	
4	密封圈		聚四氟乙烯	2	
3	阀芯		2Cr13	1	
2	阀盖		ZG270-500	1	
1	阀体		ZG270-500	1	
序号	名称	代号	材料	数量	备注

球阀	比例	1:2	共 张
	图号		第 张
设计			
制图			

班级__________　　姓名__________　　学号__________

2. 看懂传动器装配图并回答问题

(1)该装配体的名称为________,画图比例为________,共由________种零件组成,其中标准件有________种。

(2)装配图共有________个基本视图。主视图采用________剖视表达各零件的装配关系;左视图采用________剖视和________画法,拆去________等零件,表达主要零件的结构形状。

(3)座体(件 9)是主要零件之一。轴(件 8)装在座体内,两端有滚动轴承(件 10)支承,轴承型号为________,外径是________,与________配合,内径是________,与________配合。

(4)端盖(件 6)与座体(件 9)之间用________个规格为________的螺钉(件 5)连接,螺钉的定位尺寸为________。ϕ62H7/f7 是________与________的配合,构成基________制的________配合。

(5)带轮(件 4)与轴(件 8)之间用________连接,并用________和________轴向固定。ϕ20H7/h6 是________与________的配合,构成基________制的________配合。

(6)轴(件 8)右端装有齿轮(件 13),其模数是________,齿数是________,ϕ96 是________圆的直径。

(7)毡圈(件 12)的作用是________,材料为________。

(8)该装配体的安装尺寸有________、________、________。

(9)说明零件的拆、装顺序。

(10)分析座体、轴、端盖等零件,试用适当的表达方法表达其结构形状。

班级________　　姓名________　　学号________

7-3 读装配图(续)

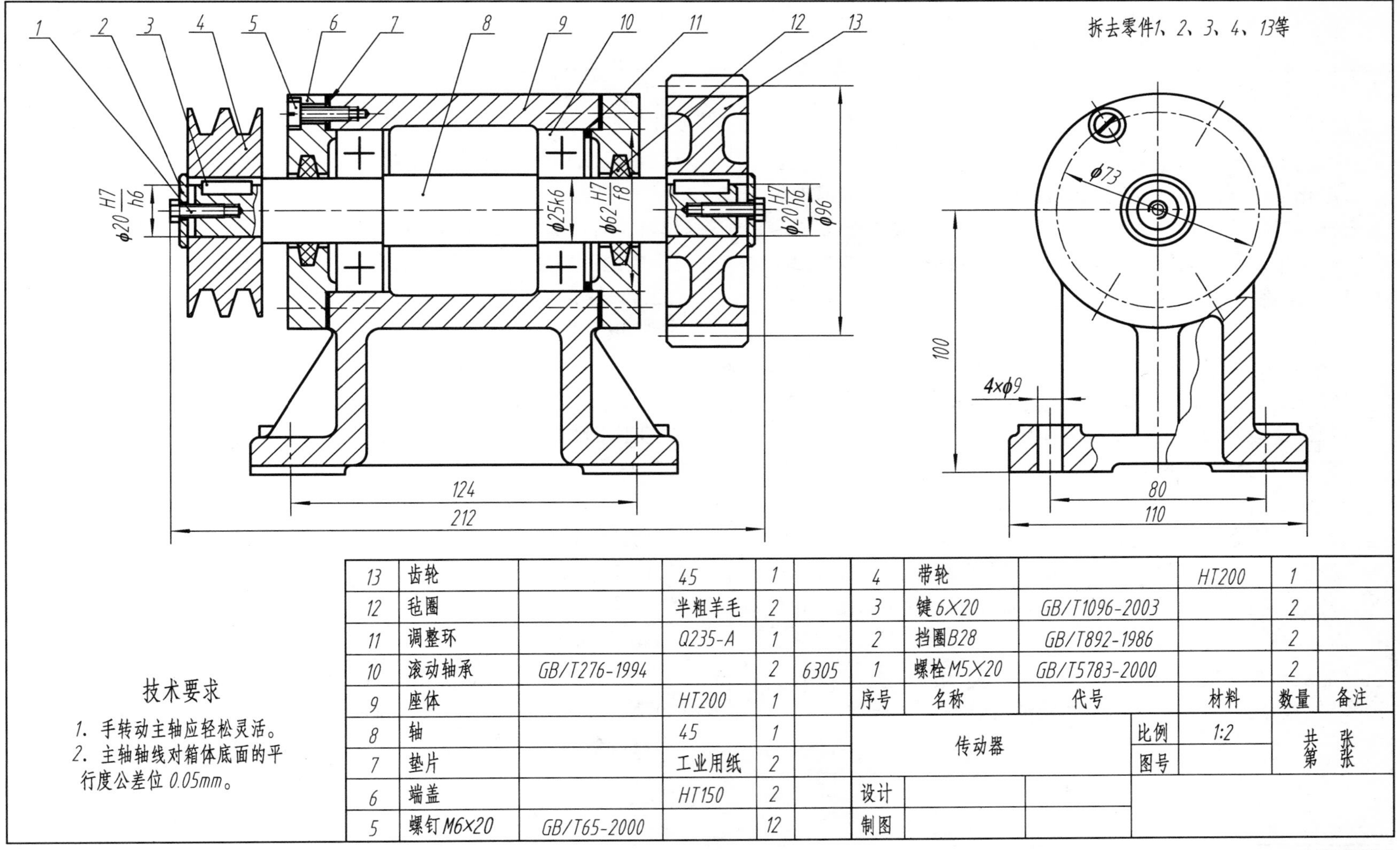

技术要求

1. 手转动主轴应轻松灵活。
2. 主轴轴线对箱体底面的平行度公差位 0.05mm。

序号	名称	代号	材料	数量	备注
13	齿轮		45	1	
12	毡圈		半粗羊毛	2	
11	调整环		Q235-A	1	
10	滚动轴承	GB/T276-1994		2	6305
9	座体		HT200	1	
8	轴		45	1	
7	垫片		工业用纸	2	
6	端盖		HT150	2	
5	螺钉M6×20	GB/T65-2000		12	
4	带轮		HT200	1	
3	键6×20	GB/T1096-2003		2	
2	挡圈B28	GB/T892-1986		2	
1	螺栓M5×20	GB/T5783-2000		2	

传动器	比例	1:2	共 张 第 张
	图号		
设计			
制图			

(朱国民)

班级__________ 姓名__________ 学号__________

第八章　化工设备图

8-1　复习填空

1. 基本知识复习

(1)常见的典型化工设备有________________________等。

(2)化工设备图的作用是________________________。

(3)化工设备图的内容有一组视图、必要的尺寸、零部件编号及明细栏、________、________、技术要求、标题栏等。

(4)化工设备上的零部件大部分已经标准化,写出四种以上常用标准化零部件________________________。

(5)________与________一起构成设备的壳体,它们之间可以直接焊接,也可以采用________连接。

(6)化工设备用的标准法兰有________和________两类。

(7)设备上开设人孔和手孔的作用是________。

(8)常用的设备支座有________支座和________支座,分别用于立式设备和卧式设备。

(9)化工设备图通常选用________个基本视图。主视图常采用________画法,将设备周向分布的接管、孔口或其他结构,分别旋转到与主视图所在的投影面平行的位置画出,并且不需标注旋转情况。

(10)管口方位图一般仅画出________,用________线表示管口位置,用________线示意性地画出设备管口。

(11)化工设备图一般标注________、________、________、________及其他重要尺寸。

(12)管口表用于说明设备上所有管口的________、________、________等。

(13)技术特性表主要列出设备的________、________、________等以及反应设备特征和生产能力的重要技术特性指标。

2. 阅读教材图 8-2 页计量罐的设备图,回答以下问题。

(1)该设备共有________种零部件,________个接管口,工作压力为________,工作温度为________,设备的内径________,壁厚________,容积________。

(2)支座的数量是________,装配尺寸是________、________。

(3)手孔的公称尺寸为________________,其装配尺寸是________、________。

(4)筒体与封头,接管与筒体、封头之间均采用________连接。

(5)件 1、件 2 是________、________,采用了________画法,其数量为________。

(6)接管 d 的公称尺寸为________,用途是________,装配尺寸为________、________,在主视图中采用了________的表达方法。

(7)液面计采用了简化画法,它和接管 f_1、f_2是________连接。

(8)该设备的安装尺寸为________、________。

班级__________　　　　姓名__________　　　　学号__________

8-2 读图填空

1. 阅读反应器的设备图，回答以下问题

(1)该设备的名称为________，共有________种零部件，其中标准件有________种，组合件有________种。共有接管口________个，管口符号及各接管口的用途____________________________。设备的管程压力________，管程温度________，壳程压力________，壳程温度________。

(2)该设备图采用了________个基本视图，________个局部放大的剖视图和________个局部放大图。主视图采用了________剖视表达设备的内外结构形状，并采用__________画法表达管口________、________、________、________的轴向位置。俯视图主要表达设备的________和接管口的________。

(3)D-D 剖视图表达了________与上封头的装配连接关系，其装配尺寸为______、______。A-A、B-B、C-C 剖视图分别表达了______、______、______与上封头的装配连接关系，分析其装配尺寸。

(4) E-E 剖视图表达了______、______、______之间的装配关系。

(5)从局部放大图中可以看出，________和________通过 U 型螺栓连接在一起，螺栓数量为________组，每一个蛇管架上有________组螺栓连接。

(6)筒体与上下封头、各接管与上封头均采用________连接。筒体内径________，壁厚________，筒体高度________，封头高度________。

(7)设备采用________支座，数量为________，装配尺寸是________。人孔的公称直径为________，装配尺寸为________。零件 8 是________，其作用是增加封头开孔处的强度。

(8)减速机为该设备的动力装置，减速机机座与焊接在设备上的底座之间是________连接，联轴器连接________和________，填料箱起________作用。

(9)原料由________接管口加入，通过充分搅拌，反应完成后的物料由________接管口排出。设备的加热装置是________，其中心距为________ mm，加热介质为________，由________接管口进入，由________接管口排出。

(10)4100 是______尺寸，该设备的安装尺寸是______、______。

2. 读快开手孔连视镜的装配图

(1)该部件的名称为__________，公称直径为__________，共有________种零件，其中________种为标准件。该部件与设备主体之间采用________连接，设备主体部分用________线假想画出。

(2)该设备图采用了________个基本视图，________个局部视图和________个局部剖视图。

(3)主视图采用了________剖视，表达了整个部件的内外结构形状，俯视图主要表达________，A 视图用来表达________，B 视图用来表达________，C-C 剖视图表达了________。

(4)接管(件 1)与法兰(件 2)之间采用________连接，手孔盖(件 3)与法兰(件 2)之间用________组螺栓连接。

(5)半圆环(件 2)的作用是________，数量为________，在俯视图中用________线型画出。

(6)固定夹(件 19)将半圆环(件 21)固定在________上，固定夹(件 19)与法兰(件 2)之间用________连接。

班级__________　　姓名__________　　学号__________

8-2 读图填空(续)

(7)视镜玻璃通过________装在手孔盖上。

(8)上耳板(件 14)与手孔盖(件 3)、下耳板(件 16)与法兰(件 2)采用________连接,上、下耳板用________连接。

(9)打开快开手孔连视镜的过程为____。

(10)分析各零件,判断图 1 是________,

图 2 是________。

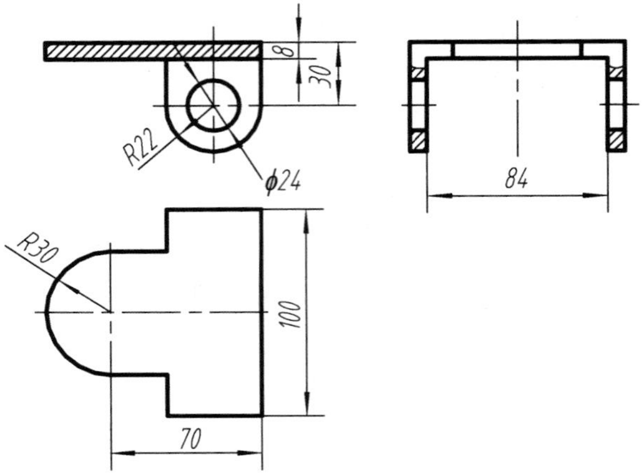

图1

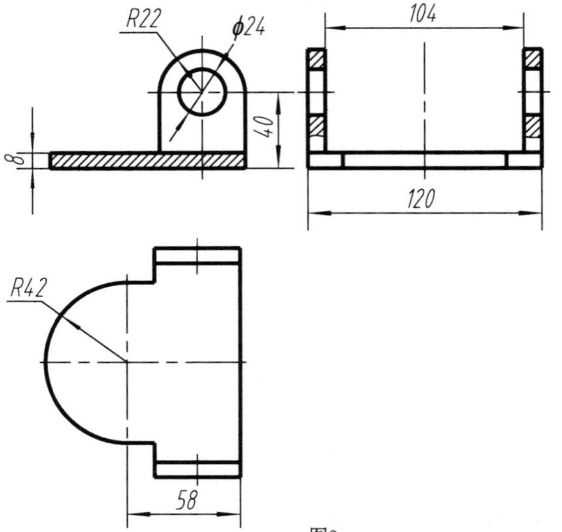

图2

班级__________ 姓名__________ 学号__________

8-2　读图填空(续)

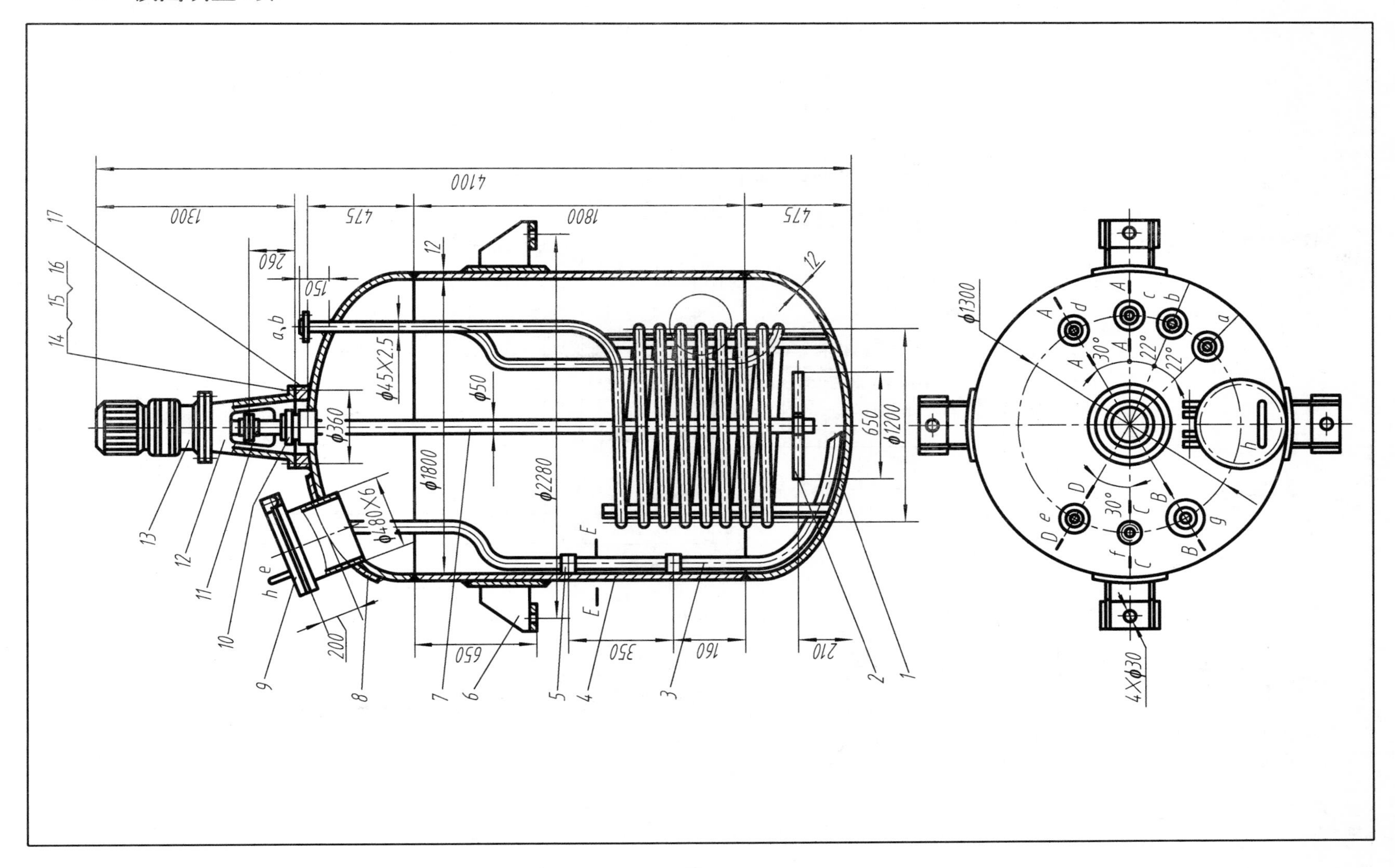

班级__________　　　　姓名__________　　　　学号__________

8-2 读图填空(续)

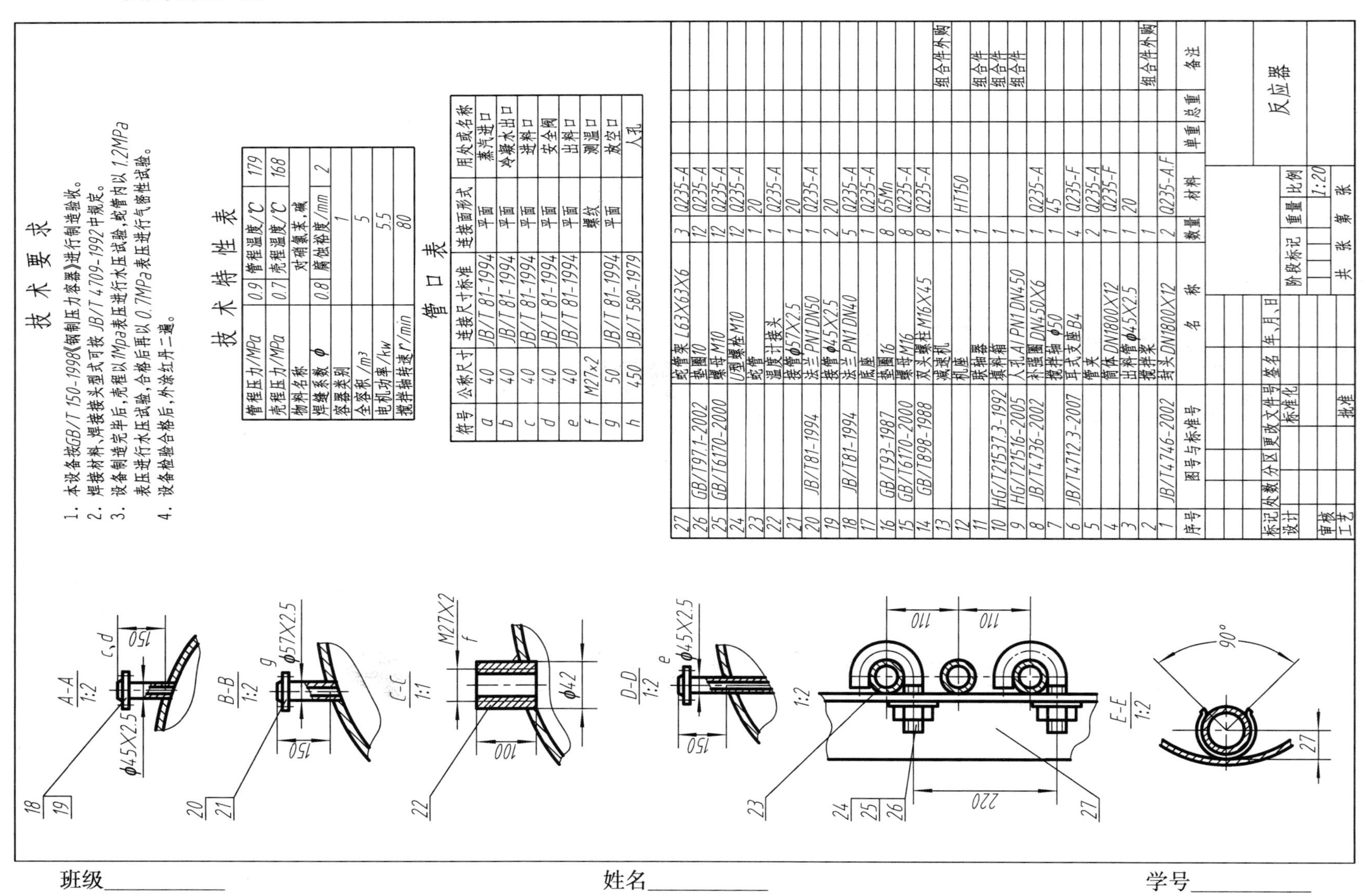

技术要求

1. 本设备按GB/T 150-1998《钢制压力容器》进行制造验收。
2. 焊接材料、焊接接头型式可按 JB/T 4709-1992中规定。
3. 设备制造完毕后，壳程以1MPa表压进行水压试验，蛇管内以 1.2MPa 表压进行水压试验，合格后再以 0.7MPa表压进行气密性试验。
4. 设备检验合格后，外涂红丹二遍。

技术特性表

管程压力/MPa	0.9	管程温度/℃	179
壳程压力/MPa	0.7	壳程温度/℃	168
物料名称	对硝氯苯，碱		
焊缝系数 ϕ	0.8	腐蚀裕度/mm	2
容器类别	1		
全容积 /m³	5		
电机功率/kw	5.5		
搅拌轴转速r/min	80		

管口表

符号	公称尺寸	连接尺寸标准	连接面形式	用处或名称
a	40	JB/T 81-1994	平面	蒸汽进口
b	40	JB/T 81-1994	平面	冷凝水出口
c	40	JB/T 81-1994	平面	进料口
d	40	JB/T 81-1994	平面	安全阀
e	40	JB/T 81-1994	平面	出料口
f	M27x2		螺纹	测温口
g	50	JB/T 81-1994	平面	放空口
h	450	JB/T 580-1979		人孔

序号	图号与标准号	名称	数量	材料	单重	总重	备注
27		蛇管架 L63X63X6	3	Q235-A			
26	GB/T97.1-2002	垫圈10	12	Q235-A			
25	GB/T6170-2000	螺母M10	12	Q235-A			
24		U型螺栓M10	12	Q235-A			
23		蛇管	1	20			
22		温度计接头	1	Q235-A			
21		接管ϕ57X2.5	1	20			
20	JB/T81-1994	法兰PN1 DN50	1	Q235-A			
19		接管ϕ45X2.5	2	20			
18	JB/T81-1994	法兰PN1 DN40	5	Q235-A			
17		底座	1	Q235-A			
16	GB/T93-1987	垫圈16	8	65Mn			
15	GB/T6170-2000	螺母M16	8	Q235-A			
14	GB/T898-1988	双头螺柱M16X45	8	Q235-A			
13		减速机	1				组合件外购
12		机座	1	HT150			
11		联轴器	1				组合件
10	HG/T21537.3-1992	填料箱	1				组合件
9	HG/T21516-2005	人孔AI PN1 DN450	1				组合件
8	JB/T4736-2002	补强圈DN450X6	1	Q235-A			
7		搅拌轴 ϕ50	1	45			
6	JB/T4712.3-2007	耳式支座B4	4	Q235-F			
5		管夹	2	Q235-A			
4		筒体DN1800X12	1	Q235-F			
3		出料管ϕ45X2.5	1	20			
2		搅拌桨	1				组合件外购
1	JB/T4746-2002	封头DN1800X12	2	Q235-A.F			

标记 处数 分区 更改文件号 签名 年、月、日

设计 标准化 阶段标记 重量 比例 1:20

审核

工艺 批准 共 张 第 张

反应器

班级________ 姓名________ 学号________

8-2 读图填空(续)

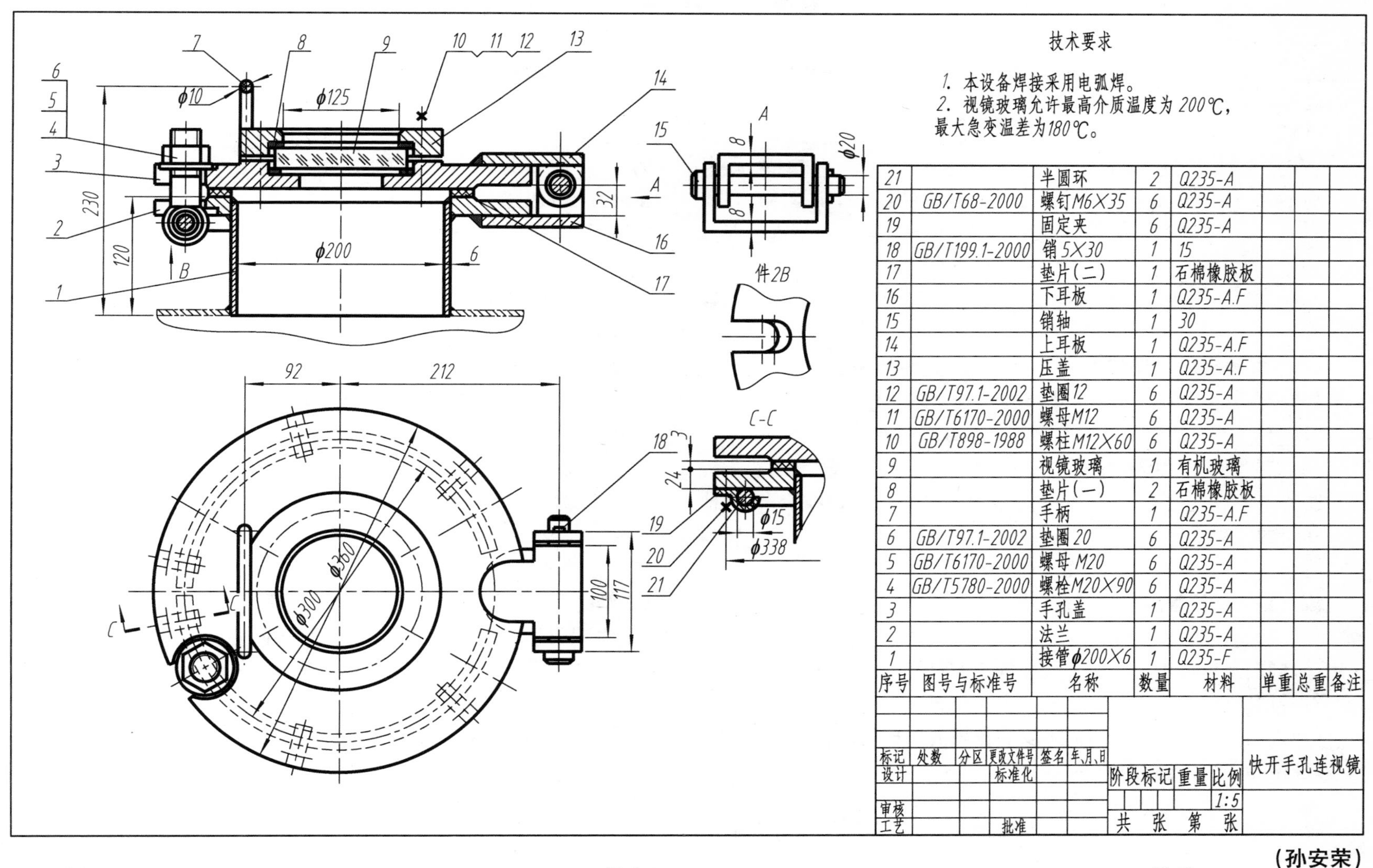

序号	图号与标准号	名称	数量	材料	单重	总重	备注
21		半圆环	2	Q235-A			
20	GB/T68-2000	螺钉M6×35	6	Q235-A			
19		固定夹	6	Q235-A			
18	GB/T199.1-2000	销5×30	1	15			
17		垫片(二)	1	石棉橡胶板			
16		下耳板	1	Q235-A.F			
15		销轴	1	30			
14		上耳板	1	Q235-A.F			
13		压盖	1	Q235-A.F			
12	GB/T97.1-2002	垫圈12	6	Q235-A			
11	GB/T6170-2000	螺母M12	6	Q235-A			
10	GB/T898-1988	螺柱M12×60	6	Q235-A			
9		视镜玻璃	1	有机玻璃			
8		垫片(一)	2	石棉橡胶板			
7		手柄	1	Q235-A.F			
6	GB/T97.1-2002	垫圈20	6	Q235-A			
5	GB/T6170-2000	螺母M20	6	Q235-A			
4	GB/T5780-2000	螺栓M20×90	6	Q235-A			
3		手孔盖	1	Q235-A			
2		法兰	1	Q235-A			
1		接管φ200×6	1	Q235-F			

标记	处数	分区	更改文件号	签名	年、月、日	阶段标记	重量	比例
设计			标准化					1:5
审核								
工艺			批准					

(孙安荣)

班级__________ 姓名__________ 学号__________

第九章　化工工艺图

9-1　填空与读图

1. 复习填空

(1)化工工艺图主要包括________、________和________。

(2)工艺流程图是按照工艺流程的顺序，将生产中采用的________和________展开画在同一平面上，并附以必要的________和________。根据表达内容的详略，工艺流程图分为________和________。

(3)施工流程图又称为带控制点工艺流程图，一般包括的内容有________、________、________、________。

(4)工艺流程图中设备用________线示意性的表示其主要轮廓，并编写设备位号，设备位号一般包括________、________、________等。

(5)工艺流程图中的管路即各种物料的________线，是工艺流程图的主要表达内容。主要物料的流程线用________线表示，其他物料的流程线用________线表示。流程线应画成________，转弯时画________角，流程线交叉时，应将其中一条________。对每段管路应标注管路代号，管路代号一般包括________、________、________、________等。

(6)阀门及管件用________线按规定的符号画出。仪表控制点的符号用________线绘制，并从其安装位置引出。

(7)表达________在厂房内外安装位置的图样，称为设备布置图，设备布置图包括的内容有________、________、________、________。

(8)建筑图样的一组视图，主要包括________、________和________。平面图是________绘制的剖视图。建筑物的________投影图称为立面图。剖面图是用________剖切建筑物而画出的剖视图。

(9)建筑图样的每一视图一般在图形________方标注出视图名称。建筑物的高度尺寸以________形式标注，以________为单位，而平面尺寸以________为单位。建筑图中要画出定位轴线，即对建筑物的________位置用________线画出，并加以编号。

(10)设备布置图是在________图的基础上增加________的内容，用________线表示设备，而厂房建筑的所有内容均用________线表示。设备布置图一般包括________图和________图。

(11)管路布置图是在________图的基础上画出________、________及________，用于________。

(12)管路布置图中管路用________线表示。厂房建筑、设备轮廓、管路上的阀门、管件、控制点等符号用________线表示。

2. 阅读空压站带控制点工艺流程图，回答问题

(1)该岗位共有________台设备，其中________台为动设备，其他静设备分别是________。

(2)经空压机压缩后的空气沿管道________经________阀、________阀，又经管道________及测温点________进入________进行冷却。

班级________　　姓名________　　学号________

9-1 填空与读图(续)

(3)冷却后的压缩空气经测________点________沿管道________进入________。

(4)从气液分离器出来的空气沿管道________进入________,干燥后的空气沿管道________分成两路,各经一个________阀,再经测________点和大小头进入________。

(5)除尘后的空气沿管道________经________阀和________点进入贮气罐,然后沿管道________送出。

(6)IA0604-32X3 管道的作用是________。

(7)冷却水沿管道________和________经________阀进入后冷却器,热交换后沿管道________排入地沟。

(8)正常工作时,三台压缩机中有两台工作,一台备用,每台压缩机的出口管道上均装有________阀和________阀,其作用是________。

(9)该岗位共用到止回阀________个,分别安装在________和________的出口处,截止阀________个,温度显示仪表________个和________个压力显示仪表都是就地安装的。

(10)管道代号 RW0601-32X3 中,"RW"为________代号,"06"为________代号,"01"为________代号,"32X3"表示________。

(11)设备代号 C0601a-c 中,"C"为________代号,"06"为________代号,"01"为________代号,"a-c"为________代号。

3. 阅读空压站的设备布置图,回答问题

(1)空压站的设备布置图包括________图和________图。

(2)从平面图可知,本岗位的 3 台压缩机布置在距③轴线________mm 处,C0601a 距Ⓐ轴线________mm,三台压缩机之间的间距为________mm,1 台后冷却器 E0601 布置在距①轴线________mm,距Ⓑ轴线________mm 处;1 台气液分离器 R0601 布置在距①轴线________mm,距Ⓑ轴线________mm 处;2 台干燥器 E0602a、E0602b 布置在距Ⓐ轴线________mm,距①轴线分别为________mm、________mm 处;2 台除尘器 V0602a、V0602b 布置在距Ⓐ轴线________mm,距①轴线分别为________mm、________mm 处;1 台储气罐布置在室外,距Ⓐ轴线为________mm,距①轴线为________mm。

(3)从 1-1 剖面图可知,压缩机 C0601、干燥器 E0602、除尘器 V0602 布置在标高________的基础平面上;冷却器 E0601、气液分离器 R0601 布置在标高________的基础平面上。除尘器顶部管口的标高为________,干燥器顶部连接管的标高为________,厂房顶部的标高为________。

4. 阅读空压站的管路布置图,回答问题

(1)该图为________管路布置图,包括________图和________图,表达了两台位号分别为________和________的________设备及相关管路的布置情况。

(2)来自干燥器 E0602 的压缩空气沿管道________,在标高为________处向南、向东,然后分为两路。一路继续向东,通向除尘器________;另一路向________,在标高________处又分成两路。

班级________ 姓名________ 学号________

9-1 填空与读图(续)

一路继续向__________,经标高__________处的截止阀后再向________,经测________点和大小头,在标高________处进入除尘器________;另一路向南、向________,在标高________处经截止阀继续向上,在标高________处向东,沿管道________与除尘器________顶部的出口管道相连;除尘器 V0602a 顶部的出口管道在标高 4.300 处向东、向________,在标高________处向南,经管道________通向________。

(3)除尘器底部出口的排污管道向下、在标高________处向________,然后向下到排沟,该管道编号为________。

(4)该部分管路上共有________个阀门。

班级__________ 姓名__________ 学号__________

9-1 填空与读图(续)

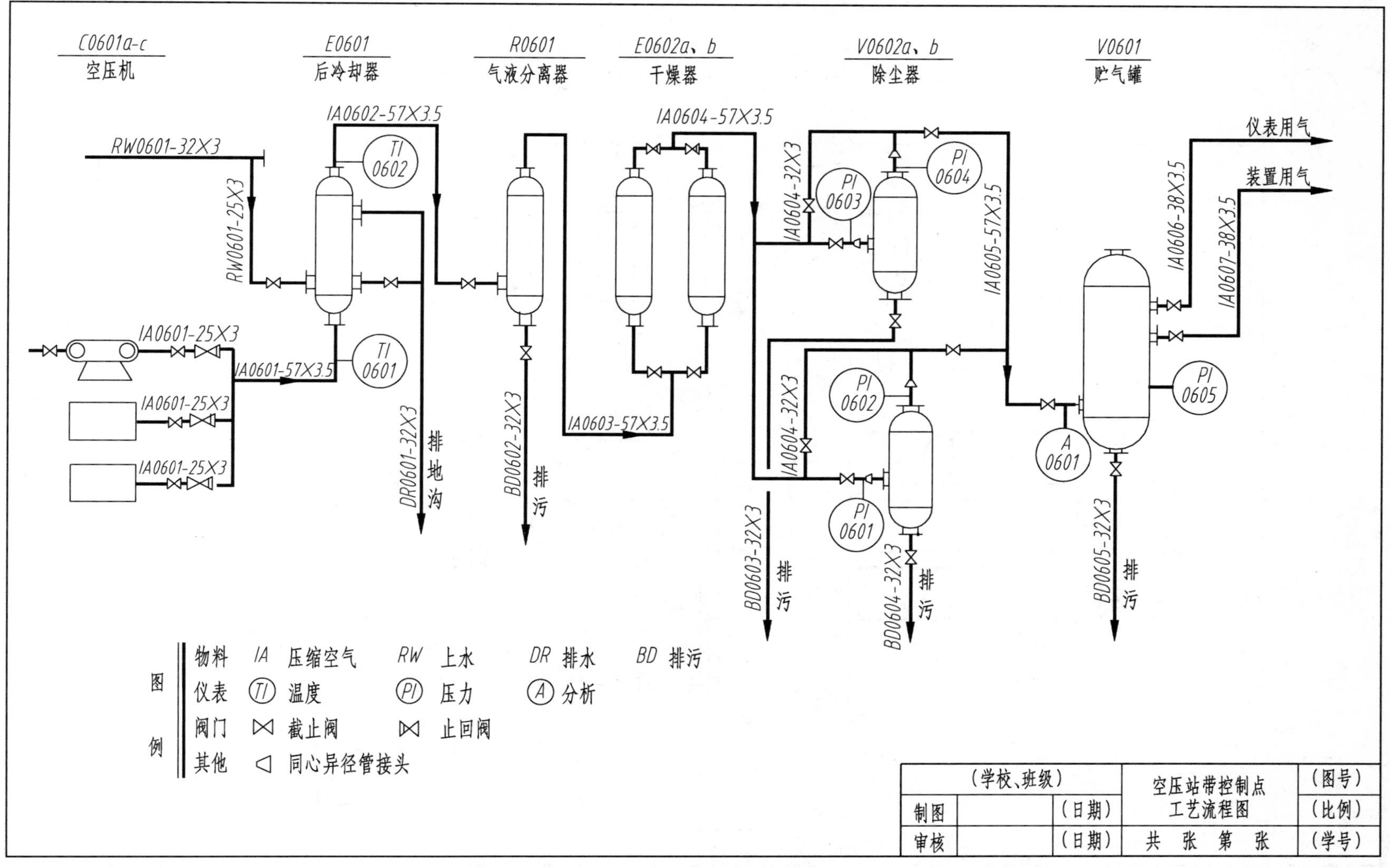

班级__________ 姓名__________ 学号__________

9-1 填空与读图(续)

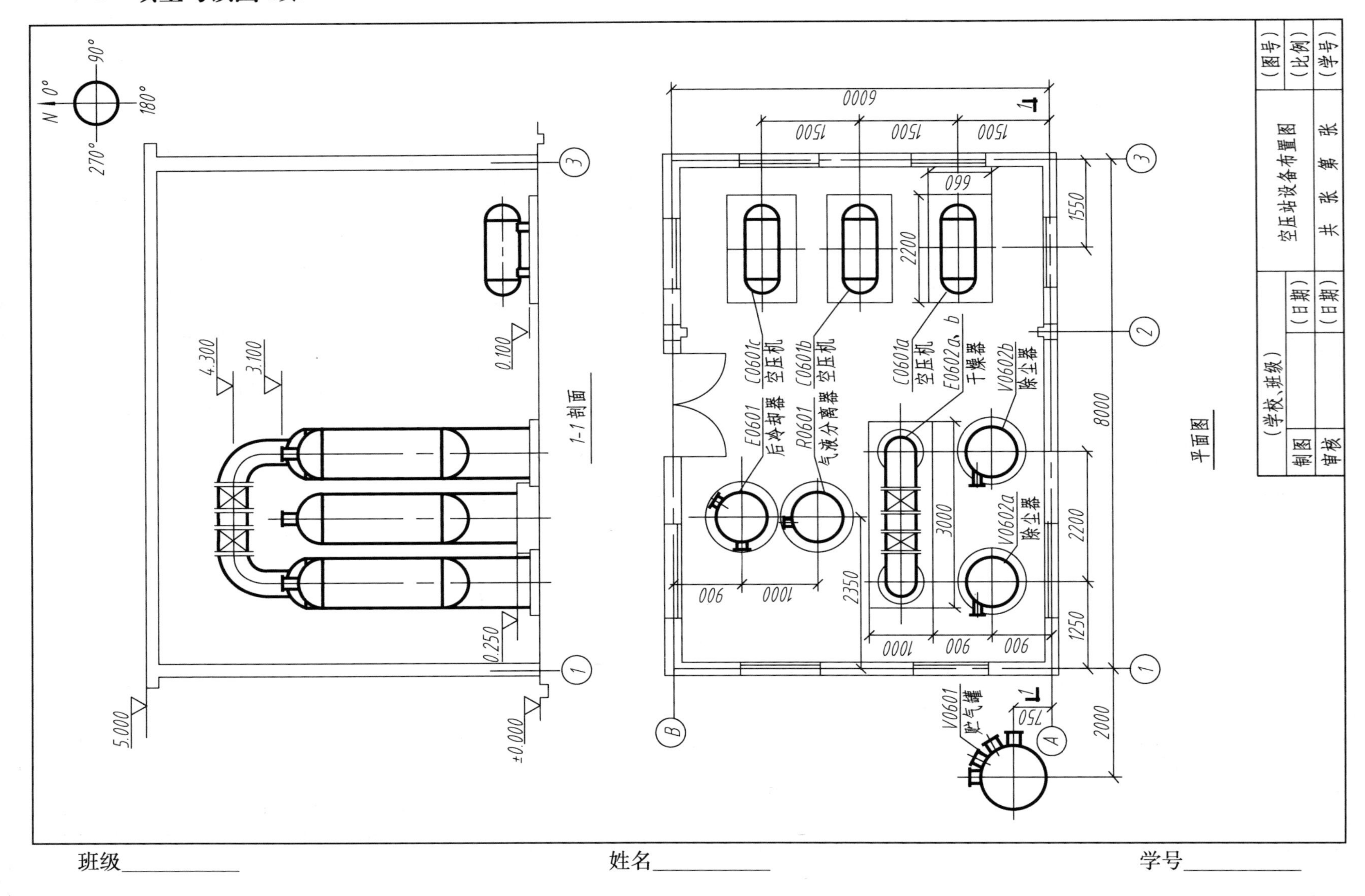

班级__________ 姓名__________ 学号__________

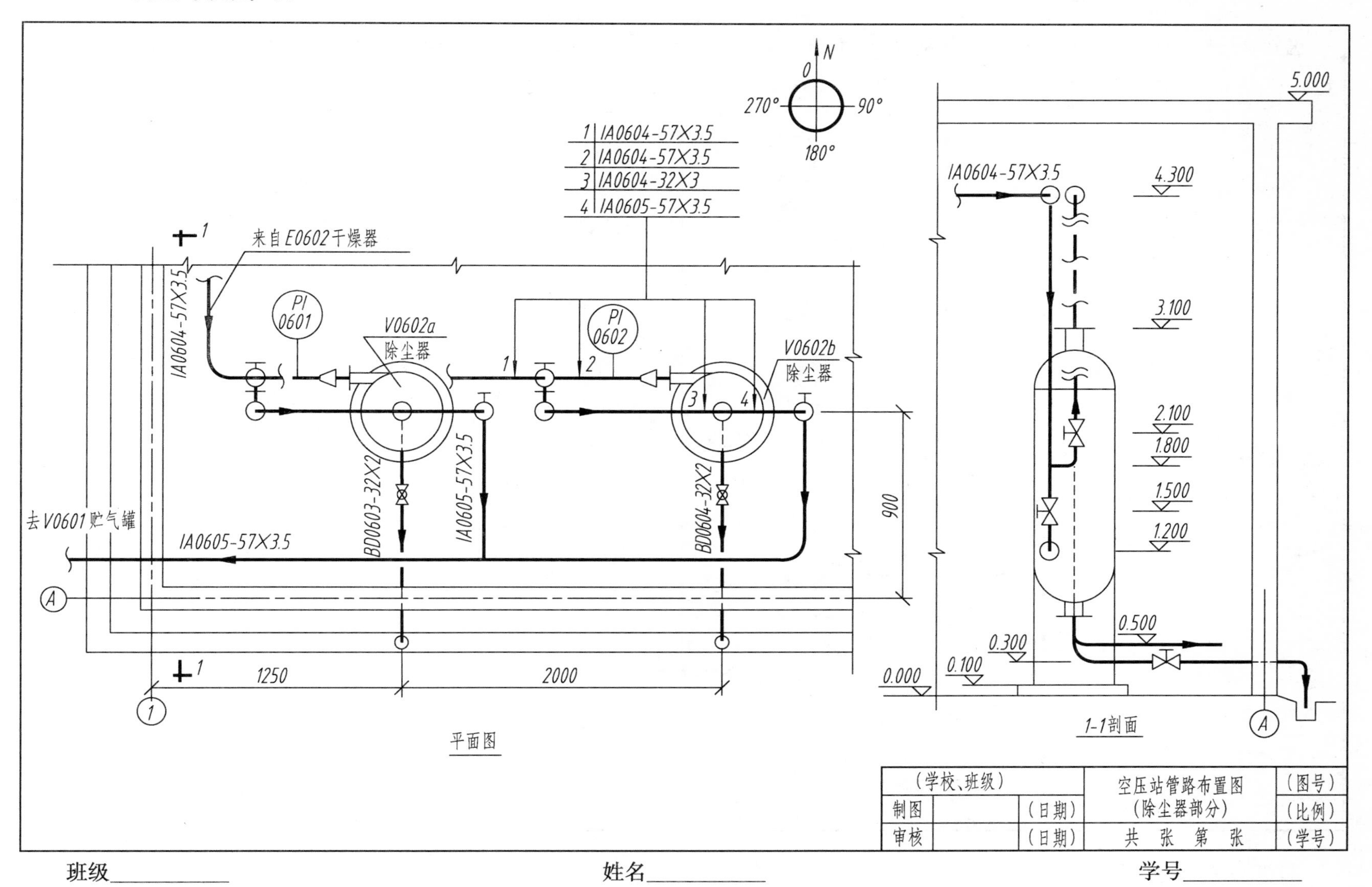

(学校、班级)			空压站管路布置图 (除尘器部分)	(图号)
制图		(日期)		(比例)
审核		(日期)	共 张 第 张	(学号)

班级________ 姓名________ 学号________

9-2 管路的图示方法

1. 已知管路的平面图和正立面图,画出其左、右立面图。	2. 已知管路的正立面图,画出其平面图和左、右立面图(宽度尺寸自定)。
(1) 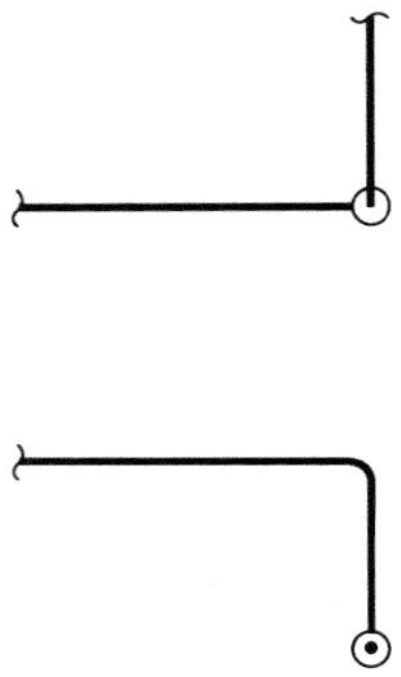	(1) 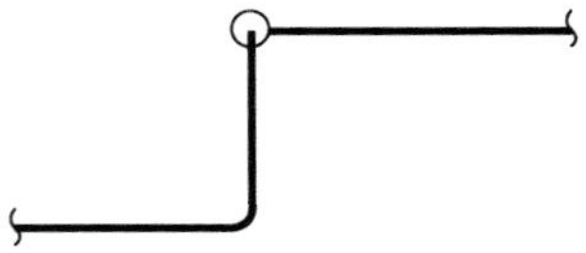
(2) 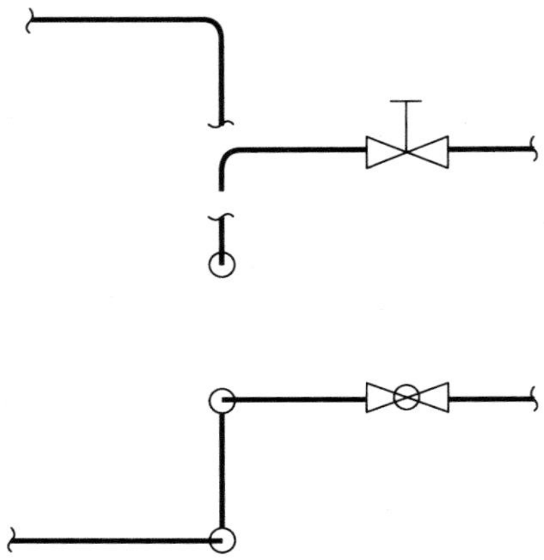	(2) 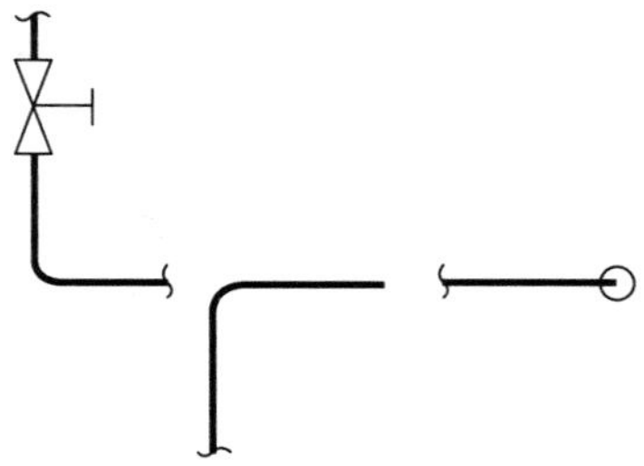

班级__________ 姓名__________ 学号__________

9-2　管路的图示方法(续)

3. 根据轴测图,画出下面管路的平面图和立面图。

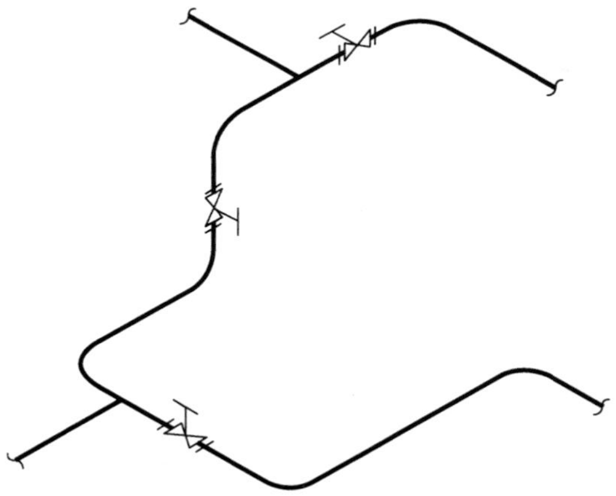

班级________　　姓名________　　学号________

9-2 管路的图示方法(续)

4. 据下面管路的平面图和立面图,画出管路的轴测图。

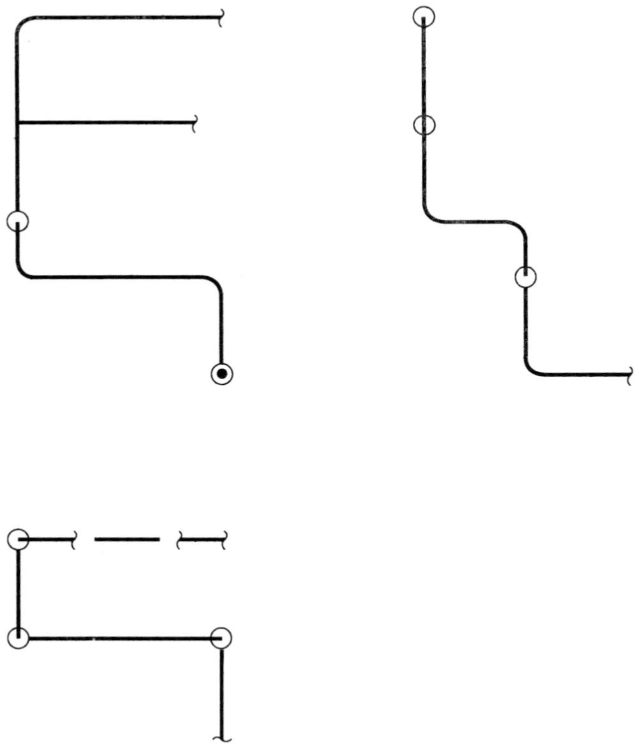

(孙安荣)

班级__________ 姓名__________ 学号__________

主要参考书目

1. 董振珂.化工制图.北京:化学工业出版社,2011.
2. 路大勇.工程制图.北京:化学工业出版社,2011.
3. 韩玉秀.化工制图.北京:高等教育出版社,2009.
4. 钱可强.机械制图.北京:化学工业出版社,2011.
5. GB/T14689-2008 技术制图.图纸幅面和格式.
6. GB/T10609.1-2008 技术制图.标题栏.
7. GB/T131-2006 产品几何技术规范.技术产品文件中表面结构的表示法.
8. GB/T1800.1-2009、GB/T1800.2-2009 产品几何技术规范.极限与配合.
9. GB/T1182-2008 产品几何技术规范.几何公差.形状、方向、位置、跳动公差标注.
10. JB/T4746-2002 钢制压力容器封头.
11. JB/T4712.1-2007 容器支座.鞍式支座.
12. JB/T4712.3-2007 容器支座.耳式支座.